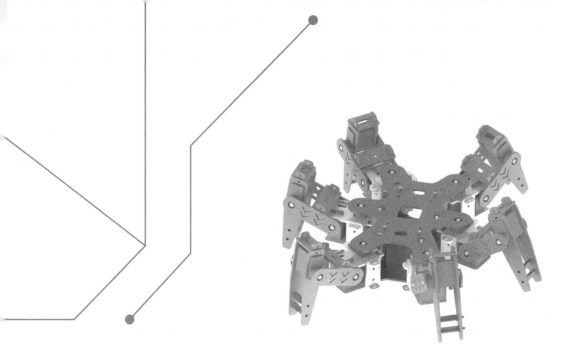

我的机器人创客教育系列

仿蛛机器人的设计与制作

罗庆生　罗　霄　郑凯林　●编著

北京理工大学出版社
BEIJING INSTITUTE OF TECHNOLOGY PRESS

图书在版编目（CIP）数据

仿蛛机器人的设计与制作/罗庆生，罗霄，郑凯林编著．—北京：北京理工大学出版社，2019.7

（我的机器人创客教育系列）

ISBN 978 - 7 - 5682 - 7318 - 3

Ⅰ.①仿…　Ⅱ.①罗…②罗…③郑…　Ⅲ.①仿生机器人 - 设计 - 青少年读物②仿生机器人 - 制作 - 青少年读物　Ⅳ.①TP242 - 49

中国版本图书馆 CIP 数据核字（2019）第 157195 号

出版发行／北京理工大学出版社有限责任公司

社　　　址／北京市海淀区中关村南大街 5 号

邮　　编／100081

电　　话／（010）68914775（总编室）

　　　　　（010）82562903（教材售后服务热线）

　　　　　（010）68948351（其他图书服务热线）

网　　址／http：//www.bitpress.com.cn

经　　销／全国各地新华书店

印　　刷／保定市中画美凯印刷有限公司

开　　本／710 毫米×1000 毫米　1/16

印　　张／13.75　　　　　　　　　　　责任编辑／张慧峰

字　　数／260 千字　　　　　　　　　　文案编辑／张慧峰

版　　次／2019 年 7 月第 1 版　2019 年 7 月第 1 次印刷　　责任校对／周瑞红

定　　价／55.00 元　　　　　　　　　　责任印制／李志强

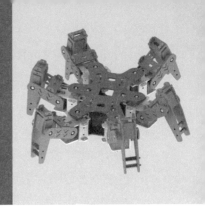

序　言

　　青少年是祖国的未来，科学的希望。以我国广大青少年为对象，开展规范性、系统性、引领性、全局性的科技创新教育与实践活动，让广大青少年通过这些活动，将理论研究与实际应用结合，将动脑探索与动手实践结合，将课堂教学与社会体验结合，将知识传承与科技创新结合，使广大青少年能有效提升创新兴趣，熟悉创新方法，掌握创新技能，增长创新能力，成为我国新时代的科技创新后备人才，意义重大，影响深远。

　　在形形色色的青少年科技创新教育与实践活动中，机器人科普教育、科研探索、科技竞赛别具特色，作用显著。这是因为机器人是多学科、多专业、多技术的综合产物，融合了当今世界多种先进理念与高新技术。通过机器人科普教育、科研探索、科技竞赛，可以使广大青少年在机械技术、电子技术、计算机技术、传感器技术、智能决策技术、伺服控制技术等方面得到宝贵的学习与锻炼机会，能够有效加深青少年对科技创新的理解能力，并提高其实践水平，让他们尽早爱科学、爱创新。

　　了解机器人的基本概念，学习机器人的基本知识，掌握机器人的设计技术与制作技巧，提升机器人的展演水平与竞技能力，将使广大青少年走近我国科技创新的最前沿，激发青少年对于科技创新尤其是机器人创新的兴趣与爱好，挖掘青少年开展科技创新的潜力，夯实青少年成为创新型、复合型人才的理论与技术基础。

　　"我的机器人创客教育系列"丛书重点讲述了仿人、仿蛇、仿狗、仿鱼、仿蛛、仿龟等六种机器人的设计与制作，之所以选择了这六种仿生机器人作为本套丛书的主题，是出于以下考虑：在仿生学一词频繁在科研领域亮相时，仿生机器人也逐步进入了人们的视野。由于当代机器人的应用领域已经从结构化环境下的定点作业，朝着航空航天、军事侦察、资源勘探、管线检测、防灾救险、疾病治疗等非结构化环境下的自主作业方向发展，原有的传统型机器人已不再能够满足人们在自身无法企及或难以掌控的未知环境中自主作业的要求，更加人性化和智能化的、具有一定自主能力、能够在非结构化的未知环境中作业的新型机器人已经被提上开发日程。为了使这一研制过程更为迅速、更为高效，人们将目光转向自然界的各种生物身上，力图通过有目的的学习和优化，将自然界生物特有的运动机理和行为方式，运用到新型仿生机器人的研发工作中去。

仿生机器人是一个庞大的机器人族群，从在空中自由飞翔的"蜂鸟机器人"和"蜻蜓机器人"，到在陆地恣意奔跑的"大狗机器人"和"猎豹机器人"，再到在水下尽情嬉戏的"企鹅机器人"和"金枪鱼机器人"；从肉眼几乎无法看清的"昆虫机器人"到可载人行走的"螳螂机器人"，现实世界中处处都可看见仿生机器人的身影，以往只有在科幻小说中出现的场景正在逐步与现实世界交汇。

仿生机器人的家族成员们拥有五花八门的外观形貌和千奇百怪的身体结构，它们通过不同的机械结构、步态规划、行动特点、反馈系统、控制方式和通信手段模拟着自然界中各种卓越的生物个体，同时又通过人类制造的计算机、传感器、控制器以及其他外部构件，诠释着自己来自实验室的特殊身份。如今，这支源于自然世界和科学世界混合编组的突击部队正信心满满，准备在人类生活中大显身手。

时至今日，仿生机器人已经成为家喻户晓的"大明星"，每一款造型新颖、构思巧妙、功能独特、性能卓异的仿生机器人自问世之时起都伴随着全世界的惊叹和掌声，仿生机器人技术的迅速发展对全球范围内的工业生产、太空探索、海洋研究，以及人类生活的方方面面产生越来越大的影响。在减轻人类劳动强度，提高工作效率，改变生产模式，把人从危险、恶劣、繁重、复杂的工作环境和作业任务中解放出来等方面，它们显示出极大的优越性。人们不再满足于在展示厅和实验室中看到机器人慢悠悠地来回走动，而是希望这些超能健儿们能够在更加复杂的环境中探索与工作。

北京理工大学特种机器人技术创新团队成立于 2005 年，是在罗庆生教授和韩宝玲教授带领下，长期不懈地走在特种机器人科技创新探索、科研任务攻关道路上，充满创新能量、奋斗不息的一支标兵团队。该创新团队的主要研究领域为光机电一体化特种机器人、工业机器人技术、机电伺服控制技术、机电装置测试技术、传感探测技术和机电产品创新设计等。目前已研制出仿生六足爬行机器人、新型特种搜救机器人、多用途反恐防暴机器人、新型工业码垛机器人、新型轮腿式机器人、新型节肢机器人、新型工业焊接机械臂、陆空两栖作战任务组、外骨骼智能健身与康复机、"神行太保"多用途机器人、履带式壁面清洁机器人、小型仿人机器人、"仿豹"跑跳机器人、先进综合验证车、仿生乌贼飞行机器人、履带式变结构机器人、制导反狙击机器人、新型球笼飞行机器人等多种特种机器人。该团队在承研某部"十二五"重点项目——新型仿生液压四足机器人过程中,系统、全面、详尽、科学地开展了四足机器人结构设计技术研究、四足机器人动力驱动技术研究、四足机器人液压控制技术研究、四足机器人仿生步态技术研究、四足机器人传感探测技术研究、四足机器人系统控制技术研究、四足机器人器件集成技术研究、四足机器人操控装备技术研究,在有关液压四足机器人的仿生研究、机构设计、结构优化、机械加工、驱动传感、液压伺服、系统控制、人工智能、决策规划和模式识别等高精尖技术方面取得一系列创新与突破,从而为本套丛书的撰写提供了丰富的资料和坚实的基础。

本套丛书的主创人员在开发高性能、多用途仿生机器人方面具有丰富的研制经验和深厚的技术积累,由罗庆生、韩宝玲、罗霄撰写的专著《智能作战机器人》曾获"第五届中华优秀出版物奖图书奖"称号,这是我国出版物领域中的三大奖项之一,表明其在科技领域,尤其是在机器人领域中的实力与地位。

本丛书由罗庆生、罗霄担任主撰;蒋建锋、乔立军、王新达、陈禹含、郑凯林、李铭浩等人参与了本套丛书的研究与撰写工作,并担任各分册的主创人员。

在本套丛书的研究与写作过程中,得到了北京市教委、北京市科委等部门相关领导的极大关怀,得到了北京理工大学出版社的热情帮助,还得到了许多同仁的无私支持。值本书即将付印出版之际,谨向所有关心、帮助、支持过我们的领导、专家、同事、朋友表示衷心的感谢!

少年强则中国强,创新多则人才多。让机器人技术助圆我国广大青少年的"中国梦"!

作　者
2019 年 7 月于北京

目 录
CONTENTS

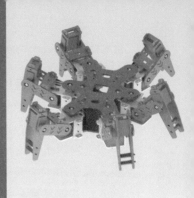

第 **1** 章
我能像蜘蛛一样爬行

1.1　给你讲讲我的历史

近些年来，仿生学（就好像是语文、数学、英语这样的学科）已经从一个很少有人关注的冷门学科逐渐热火起来，并逐渐走进人们的视野，开始在方方面面获得广泛的应用。仿生学（bionics）这个名词最早是在 1958 年由美国人斯蒂尔（Jack Ellwood Steele）采用拉丁文"bios"（生命方式）和词尾后缀"nic"（具有……性质的）组合而成[1]。

仿生学是研究生物系统的结构、形状、原理、行为，为工程技术提供新的设计思想、工作原理和系统构成的技术科学，是一门融合了数学、力学、信息科学、系统科学，以及工程技术等学科交叉而成的新兴学科[2]。仿生学为科学技术的创新提供了新思路、新理论、新原理和新方法。

人们已越来越清醒地认识到，生物具有的功能比迄今为止任何人工制造的机械装备或技术系统都要优越,仿生学就是要有效地应用生物功能并在工程上加以实现的一门学科,仿生学的研究和应用将打破生物和机器的界限,将各种不同的系统沟通、连接起来[3]。

生物学机理与机器人技术的结合,形成了仿生机器人[4]。仿生机器人是机器人家族中一个新兴的发展分支,是指模仿生物的外部形状、运动原理和行为方式,并能从事生物特点工作的机器人。仿生机器人的种类相当庞杂,涵盖了天上、地面、水中等不同活动领域的各类机器人,其中在地面行走的机器人,根据其行走方式的不同,可以分为跳跃机器人、行走机器人、爬行机器人;根据其运动特点的不同,可以分为轮式机器人、足式机器人、履带式机器人。本书主要对仿蛛机器人进行设计,目标是基于生物界中蜘蛛的生理结构,运用其生物特征,设计出能平衡行走、判断方向、感受外界刺激的机器人。图1-1~图1-6展示了多种仿生机器人[5]。

图1-1 仿鱼机器人

图1-2 仿蛛机器人

图1-3 仿袋鼠机器人

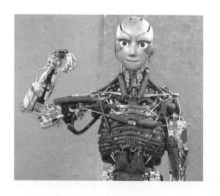

图1-4 仿人机器人

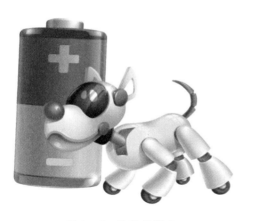

图 1-5　仿狗机器人

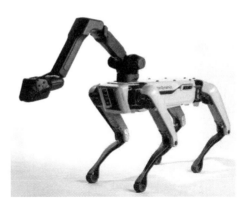

图 1-6　波士顿机器狗

1.2　仿蛛机器人是怎样爬行的

仿蛛机器人行走步态的定义。机器人（此处特指多足机器人）的行走步态是指机器人的每条腿按一定的顺序和轨迹实现行走的运动过程，正是因为有了这一运动过程才实现了机器人的步行运动[6]。显然，机器人每条腿的行走顺序和足端轨迹会多种多样，所以机器人才会呈现出丰富多彩的运动效果。

步态周期是指多足机器人完成一个步态所需的时间，也就是所有腿轮番完成一次"提起－摆动－放下"的动作所花费的时间。在此过程中，机器人的身体也完成了相应的动作过程。机器人系统的步态周期参数可调，这个参数受限于机器人各关节所用驱动装置——舵机的性能。

占地系数是指机器人每条腿接触地面的时间和整个步态周期的比值。当占地系数等于 0.5 时，机器人是用两组腿交替摆动，这种步态称为小跑步态；当占地系数小于 0.5 时，机器人在任何瞬间只有不足三条腿支撑地面，称为跳跃步态；当占地系数大于 0.5 时，机器人轮番有三条腿以上支撑地面，这种步态俗称慢爬行步态。

机器人的重心在一个步态周期中的平移距离所对应的每条腿移动的幅度称为步幅[7]。

静态稳定性是指机器人的步行稳定性，在步态生成时必须进行稳定性分析[8]。对于多足机器人来说，在任何时候都要有足够多的腿立足于地面以支撑机器人的机体，确保机器人能够静态稳定地步行[9]。通常，至少需要三条这样的腿，并且由这三条腿的立足点构成的三角形必须包围机器人的重心垂直投影。机器人步行时，虽然这个三角形区域是不停变化的，但只要机器人重心投影始终在这个交替变化的区域内，则机器人的步行就是稳定的（这就是所谓的 ZMP 判据，是对机器人静态稳定性进行判断的方法）。

根据 Grubler 公式（这是一个自由度计算的公式，机器人机体的运动自由度 $f_0 = a(n-j-1) + \sum f_i$，其中 n 代表连杆数，j 代表关节数，f_i 代表第 i 个关节的自由度数，a 代表运动参数，$\sum$ 是指所有关节自由度的求和[10]），机器人与地面的接触点可看作为球关节，其余关节为旋转关节。因此任何时候机器人的机动性不仅包括三维平动，还包括三维转动。四轴飞行器的空间自由度也可由此公式导出，只是四轴飞行器只有四个驱动输入，属于欠驱动系统，而六足机器人是冗余驱动。但它与四足机器人一样，姿态都是强耦合的。下面讲讲六足步行机器人的步态。

六足步行机器人的步态是多样的，其中三角步态是六足步行机器人实现步行的典型步态。"六足纲"昆虫步行时，一般不是六足同时直线前进，而是将六足分成两组，以三角形支架结构交替前行。目前，大部分六足机器人采用了仿昆虫的结构，6 条腿分布在身体的两侧，身体左侧的前、后足及右侧的中足为一组，右侧的前、后足和左侧的中足为另一组，分别组成两个三角形支架，依靠大腿前后划动实现支撑和摆动过程，这就是典型的三角步态行走法，如图 1-7 所示。图中机器人的髋关节在水平和垂直方向上运动。此时，B、D、F 脚为摆动脚，A、C、E 脚原地不动，只是支撑身体向前[11]。由于身体重心低，不用协调 z 向运动，容易稳定，所以这种行走方案得到广泛运用。

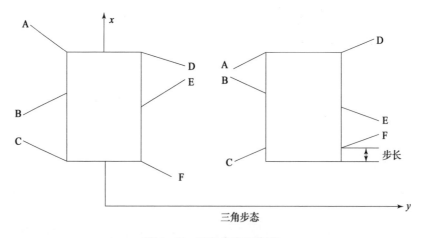

图 1-7　三角步态示意图

以六足机器人为例，组成六足机器人基本平台的部件包括：18 个舵机（每个舵机充当机器人的关节驱动器，每条腿有三个关节，六条腿共有 18 个关节）、全身肢体结构、动力系统（大电流放电倍率的电池，如航模电池，见图1-8）、航模电池平衡充电器一个，舵机控制板一个（至少连接18路舵机），还有一个作为自主控制或外部扩展的主控板（也就是各种单片机最小系统板和开发板）和配套下载模块。

简单来说，舵机控制板就是机器人的大脑组成部分之一，它负责发送指令以协调舵机的动作。机器人的主控系统就是大脑的主体，负责处理外界信息，统一指挥。机器人扩展的传感器就是感官系统，负责接收外界信息。舵机驱动板并不算是机器人的核心，它只是负责驱动舵机的模块而已，功能再多也只能让机器人跳跳舞，想实现机器人智能化必须要添加另外的主控器件，也就是给机器人装个大脑。市面上的51单片机、AVR、ARM单片机（包括STM32单片机，见图1-9）、Arduino单片机（见图1-10）都可以作为机器人的主控器件，再在主控上添加各种传感器模块就相当于给机器人安上了口鼻眼耳，等等，这样便初步形成了机器人的智能化框架。

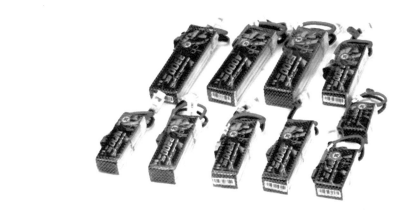

图1-8　航模电池

图1-9　STM32单片机

图1-10　Arduino单片机

1.3 我的名字叫仿蛛机器人

　　自然界的昆虫有 1 000 多万种，已命名的有 110 多万种，是最昌盛的动物类群。在昆虫庞大的家族中，六足昆虫种类繁多，本领高强，常常成为人们仿生研究的对象。本书就将以蜘蛛为模仿对象，设计出一款小巧灵活的仿生六足机器人。

　　首先通过对蜘蛛腿部结构特性和运动原理的分析与探讨入手，确定蜘蛛机器人所需结构类型，进而利用三维设计软件，将头脑中对蜘蛛机器人的初步构想进行拟实展现，设计出蜘蛛机器人整体及其零件的三维模型；待将机器人零件的三维模型生成可加工的二维工程图纸后，利用相关制作设备完成机器人各个零件的加工；最后将零件进行组装，即可制作出属于自己的小型仿蛛机器人。

　　该仿蛛机器人采用了模块化设计思想，每条腿都可以用相同的部件组装而成，但左右两边腿部需要对称装配。六条腿通过机身安装成一体，机身上面设有控制器安装孔，控制器可以牢固地安装在机身上。为了设计简单，机器人身上每个舵机尺寸、型号都是相同的，通过舵机输入线与控制器可靠连接。

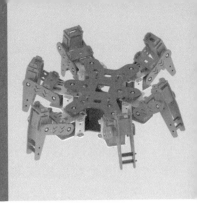

第 2 章
我身体的结构

2.1 我的心脏

　　众所周知，心脏是较高等动物循环系统中的一个极其重要的器官，主要功能是为血液流动提供压力，把血液运行至躯体的各个部分。电源系统对于仿蛛机器人而言就如同心脏对躯体的作用一样，电源系统为仿蛛机器人的运动提供源源不断的动力。

2.1.1 我的能量源

　　电源系统是机器人必不可少的组成部分，机器人设计得再精巧、功能安排得再复杂、性能表现得再优异，如果没有电源的驱动，机器人也会进退维谷，无法动弹半分。由于仿蛛机器人要求能够机动灵活地运动，特别是要求在狭小空间内也能够穿梭往来，灵动自如，采用拖缆方式进行有线供电显然是不行的。因此必须通过使用电池进行无拖缆供电。还要看到的是，仿蛛机器人体积小、重量轻、动力不够充沛、负载不够强大，因此在满足续航时间要求的前提下，还要使电源系统尽可能实现轻量化、小型化、节能化，以便尽可能多地为机器人提供动力。

常见的小型机器人电源系统主要由电池、输入保护电路、控制器稳压电路、通道开关、稳压输出等模块组成，如图 2-1 所示。

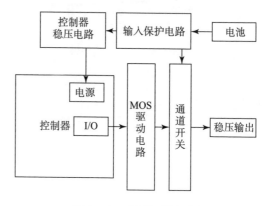

图 2-1　小型机器人电源系统组成示意图

2.1.2　电源系统的工作机理

机器人中的一些核心器件，如控制器和舵机等，都需要稳定的供电才能保障其正常运行。有些高级的机器人可能需要几组不同的电压。比如，驱动电机需要用到 12 V 的电压、2~4 A 的电流，而电路板却需要用到 +5 V 或 -5 V 的电压。对于这些需要不同电压和电流进行供电的场合，人们可以采用几种不同的方法来获得多组电压，其中最简单和最直接的方法就是用几个电池组进行有区别的供电，比如，电机可采用大容量铅酸电池供电，电路则采用小容量镍镉电池供电[55]。这种方法对装有大电流驱动电机的机器人是最为适宜的，因为电机工作时会产生电噪声，通过电源线串到电路，会对电路产生干扰。另外，由于电机启动时几乎吸收了电源的全部电流，造成电路板供电电压下降，会使电路损坏或单片机程序丢失。用分开电源供电则可避免这些现象（电机产生的另一种干扰是电火花，会造成射频干扰）。还有一种获得多组电压的方法，它是用主电源通过稳压输出多组电压，供不同部件使用，这种方法也叫 DC-DC 变换，可以用专用电路或 IC（集成电路）实现不同的电压输出。例如，12 V 电池可以通过稳压电路输出 12 V 以下的各种电压，其中 12 V 的电压可以直接驱动电机，而 5 V 的电压则可供给电路板。

当电源模块输入反接或者输入电压过高时将会烧毁大部分器件，因此在电源入口处设置了输入保护电路，保护以控制器为主的电子元器件[12]。

2.1.3　电源系统的主要作用

人需要依靠进食来补充能量，同样机器人因运动消耗能量，也需要经常补充能量，电源系统就是机器人的能量来源。实际上，现实的机器人与科幻作品中的机器人是极其不同的。科幻作品中的机器人似乎总有使不完的力气，它们采用核动力或者太阳能电池，充满电后，很长时间才会消耗光。实际中，受制于核技术的现实水准，人们还无法为机器人配备合适的核动力系统；各种太阳能电池目前也无法为机器人的运动系统提供足够的动力。此外，太阳能电池也没有足够的存储电能的能力。因此，目前大部分内置电源的实用型机器人都是由电池供电的。电源系统是机器人的有机组成部分，与主板、电机，以及计算机控制单元同等重要。对机器人来说，电源就是其生命的源泉，没有电源，机器人功能俱失，等同于一堆破铜烂铁。[6]

2.1.4 电池的选用

锂离子电池是一种可充电电池[13]。与其他类型的电池相比，锂离子电池拥有非常低的自放电率、低维护性和相对较短的充电时间，还具有重量轻、容量大、无记忆效应、且不含有毒物质等优点。常见的锂离子电池主要是锂－亚硫酸氯电池。这种电池有很多长处，例如单元标称电压可达 $3.6 \sim 3.7$ V，在常温下以等电流密度放电时，其放电曲线极为平坦，整个放电过程中电压十分平稳，这对众多的用电产品来说是极为宝贵的。另外，在 $-40℃$ 的情况下，锂离子电池的电容量还可以维持在常温容量的 50% 左右，具有极为优良的低温操作性能，远超过镍氢电池。加上其年自放电率为 2% 左右，一次充电后贮存寿命可长达 10 年，并且充放电次数可达 500 次以上，这使得锂离子电池逐渐获得人们的青睐[8]。尽管锂离子电池的价格相对来说比较昂贵，但与镍氢电池相比，锂离子电池的重量较镍氢电池轻 30% ～ 40%，能量比却高出 60%。正因为如此，锂离子电池生产量和销售量都已超过镍氢电池，目前已在数码娱乐产品、通信产品、航模产品等领域拥有了广阔的"用武之地"。

在本书仿蛛机器人的设计中，特地选用了 7.4 V、放电倍率为 $20C$、容量为 2 200 mAh 的锂离子电池（见图 2－2）。

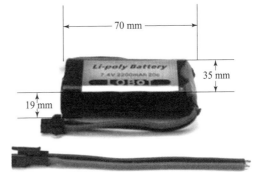

图 2 －2 锂离子电池

2.2 我的关节——驱动系统

要想让人体运动起来，人体的肌肉、肌腱、韧带就必须向人体提供开展活动的驱动力；要想让机器人运动起来，也必须向机器人的关节、运动部位提供所需的驱动力或驱动力矩[14]。能够提供机器人所需驱动力或驱动力矩的器件或方式多种多样，有液压驱动、气压驱动、直流电机驱动、步进电机驱动、直线电机驱动，以及其他驱动形式[15]。在上述各种驱动形式中，直流电机驱动、步进电机驱动、直线电机驱动均属于电气驱动，而电气驱动因运动精度高、驱动效率高、操作简单、易于控制，加上成本低、无污染，在机器人技术领域中得到了广泛应用。人们可以利用各种电机产生的驱动力或驱动力矩，直接或经过减速机构去驱动机器人的关节，以获得所要求的位置、速度或加速度。因此，为机器人系统配置合理、可靠、高效的驱动系统是让机器人具有良好运动性能的重要条件。

对于机器人来说，尤其是对于本章将重点介绍的仿蛛机器人来说，其常用的电气驱动器件为直流电机、步进电机、伺服电机和舵机[9]，因此本章将着重对这些器件及其使用方法进行阐述和分析。

2.2.1 直流电机

本节讲的直流电机指直流电动机，分为直流有刷电机和直流无刷电机两种。

直流有刷电机（见图2-3）是典型的同步电机，由于电刷的换向使得由永久磁钢产生的磁场与电枢绕组通电后产生的磁场在电机运行过程中始终保持垂直从而产生最大转矩（也称扭矩、力矩或者扭力），使电机运转。但由于采用电刷以机械方法进行换向，因而存在相对的机械摩擦，由此带来了噪声、火花、电磁干扰以及寿命减短等缺点，再加上制造成本较高以及维修困难等不足，从而大大限制了直流有刷电机的应用范围[16]。随着高性能半导体功率器件的发展和高性能永磁材料的问世，直流无刷电机（其结构如图2-4所示）技术与产品得到了快速的发展。由于直流无刷电机既具有交流电机的结构简单、运行可靠、维护方便等一系列优点，又具备直流电机的运行效率高、无励磁损耗以及调速性能好等诸多长处，因而得到了广泛的应用[17]。

图2-3　直流有刷电机

图2-4　直流无刷电机

从结构上分析，直流无刷电机和直流有刷电机比较相似，两者都有转子和定子。只不过两者在结构上相反，有刷电机的转子是线圈绕组，和动力输出轴相连，定子是永磁磁钢；无刷电机的转子是永磁磁钢，连同外壳一起和输出轴相连，定子是绕组线圈，去掉了直流有刷电机用来交替变换电磁场的换向电刷，所以称其为直流无刷电机[18]。

直流无刷电机的运行原理为：依靠改变输入到直流无刷电机定子线圈上的电流波交变频率和波形，在绕组线圈周围形成一个绕电机几何轴心旋转的磁场，这个磁场驱动转子上的永磁磁钢转动，实现电机输出轴转动。电机的性能和磁钢数量、磁钢磁通强度、电机输入电压大小等因素有关，更与直流无刷电机的控制性能有关，因为输入的是直流电，电流需要电子调速器将其变成 3 相的交流电。

直流无刷电机按照是否使用传感器分为有感的和无感的[19]。有感的直流无刷电机必须使用转子位置传感器来监测其转子的位置。直流无刷电机的输出信号经过逻辑变换后去控制开关管的通断，使电机定子各相绕组按顺序导通，保证电机连续工作。转子位置传感器也由定子、转子部分组成，转子位置传感器的转子部分与电机本体同轴，可跟踪电机本体转子的位置；转子位置传感器的定子部分固定于电机本体定子或端盖上，以感受和输出电机转子的位置信号。转子位置传感器的主要技术指标为：输出信号的幅值、精度、响应速度、工作温度、抗干扰能力、损耗、体积、重量、安装方便性以及可靠性等。其种类包括磁敏式、电磁式、光电式、接近开关式、正余弦旋转变压器式以及编码器等，其中最常用的是霍尔磁敏传感器。

2.2.2 步进电机

步进电机（见图 2-5）是将电脉冲信号转变为角位移或线位移的开环控制驱动器件。在非超载的情况下，步进电机的转速、停止位置只取决于脉冲信号的频率和脉冲数，而不受负载变化的影响[20]。当步进驱动器接收到一个脉冲信号，它就驱动步进电机按设定的方向转动一个固定的角度，称为"步距角"。步进电机的旋转是以固定的角度一步一步运行的。人们可以通过控制脉冲个数来控制步进电机的角位移量，从而达到准确定位的目的；同时还可以通过控制脉冲频率来控制步进电机转动的速度和加速度，从而达到调速的目的。

步进电机是一种感应电机，其结构如图 2-6 所示。其工作原理是利用电子电路将直流电变成分时供电的多相时序控制电流，用这种电流为步进电机供电，步进电机才能正常工作，驱动器就是为步进电机分时供电的多相时序控制器[21]。

图 2-5　步进电机与驱动器

图 2-6　步进电机结构图

步进电机在构造上有三种主要类型，分别为：反应式（Variable Reluctance，VR）、永磁式（Permanent Magnet，PM）和混合式（Hybrid Stepping，HS）[22]。

1. 反应式步进电机

该类型电机定子上有绕组，转子由软磁材料组成。这种电机结构简单，成本低廉，步距角小，可达 1.2°；但其动态性能较差、效率低、发热大、可靠性难以保证。

2. 永磁式步进电机

该类型电机的转子用永磁材料制成，转子的极数与定子的极数相同。其特点是动态性能好、输出力矩大；但这种电机精度差，步矩角大（一般为 7.5°或 15°）。

3. 混合式步进电机

该类型电机综合了反应式和永磁式步进电机的优点，其定子上有多相绕组，转子采用永磁材料制成，转子和定子上均有多个小齿以提高步距精度。其特点是输出力矩大、动态性能好、步距角小；但其结构比较复杂，生产成本也相对较高。用在玩具车上的直流电机如图 2-7 所示。

图 2-7　玩具小车上的直流电机

2.2.3　伺服电机

伺服电机（servo motor）是指在伺服系统中控制机械元件运转的电动机，是一种补助马达的间接变速装置[23]。伺服电机（其外形见图 2-8，其结构见图 2-9）是将输入的电压信号（即控制电压）转换为转矩和转速以驱动控制对象。其转子的转速受输入信号的控制，并能快速反应，在自动控制系统中通常用作执行元件，具有机电时间常数小、线性度高等优点。伺服电机能够把所收到的电信号转换成电动机轴上的角位移或角速度输出。伺服电机可分为直流伺服电机和交流伺服电机两大类，其主要特点是，当信号电压为零时无自转现象，转速随着转矩的增加而匀速下降。

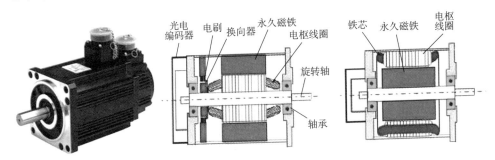

图 2 − 8　伺服电机　　　　　　图 2 − 9　伺服电机结构示意图

　　伺服系统是使物体的位置、方位、状态等输出被控量能够跟随输入目标（或给定值）而相应变化的自动控制系统。伺服主要靠脉冲实现定位，基本上可以这样理解：伺服电机接收到 1 个脉冲，就会旋转 1 个脉冲对应的角度，从而实现位移[24]。因为，伺服电机本身具备发出脉冲的功能，所以伺服电机每旋转一个角度，都会发出对应数量的脉冲，这样，和伺服电机接收的脉冲形成了呼应，或者叫闭环。如此一来，系统就会知道发了多少脉冲给伺服电机，同时又收了多少脉冲回来，于是能够十分精确地控制电机的转动，从而实现准确的定位，其定位精度可达 0.001 mm。

　　直流伺服电机可分为有刷伺服电机和无刷伺服电机。有刷伺服电机的结构简单、成本低廉、启动转矩大、调速范围宽、控制容易、维护方便（换碳刷），但工作时容易产生电磁干扰，对环境也有一定的要求[25]。因此它比较适合用于对成本敏感的普通工业和民用场合。无刷伺服电机体积小、重量轻、出力大、响应快、速度高、惯量小、寿命长、转动平滑、转矩稳定、容易实现智能化，其电子换相方式十分灵活，可以实现方波换相或正弦波换相，而且电机免维护、效率高、运行温度低、电磁辐射小，适合用于各种环境。其不足之处是控制稍嫌复杂。交流伺服电机也是无刷电机，可分为同步和异步电机。目前一般应用场合都采用同步电机，它的功率范围大，可以达到很大的功率[26]。由于该类型电机运动惯量大、最高转速低，且随着功率增大而转速降低，因而适合在要求低速平稳运行的场合应用。

　　伺服电机内部的转子采用永磁铁制成，驱动器控制的 U/V/W 三相电形成电磁场，转子在此磁场的作用下转动，同时电机自带的编码器反馈信号给驱动器，驱动器根据反馈值与目标值进行比较，调整转子转动的角度[27]。

机的精度决定于编码器的精度（线数）。交流伺服电机和直流伺服电机在功能上存在一定区别，交流伺服电机采用正弦波控制，转矩脉动小[28]。直流伺服电机采用梯形波控制，转矩脉动大，但控制比较简单，成本也更低廉[29]。

2.2.4　舵机

舵机是一种位置（角度）伺服的驱动器，适用于那些需要角度不断变化并可以保持的控制系统[30]。目前，在高档遥控玩具，如飞机模型、潜艇模型、遥控机器人中已经得到了普遍应用。舵机（见图2-10）最早用于航模制作。航模飞行姿态的控制就是通过调节发动机和各个控制舵面来实现的[31]。

大家一定在机器人和电动玩具中见到过这个小东西，至少也听到过它转起来时那种与众不同的

图2-10　各种舵机

"吱吱吱"叫声[32]。它就是遥控舵机，常用在机器人、电影效果制作和木偶控制当中，不过让人大跌眼镜的是，它最初竟是为控制玩具汽车和模型飞机而设计制作的。

舵机的旋转不像普通电机那样只是呆板、单调地转圈圈，它可以根据你的指令旋转到0°~180°之间的任意角度然后精准地停下来[33]。如果你想让某个东西按你的想法随意运动，舵机是个不错的选择，它控制方便、易于实现，而且种类繁多，总能有一款适合你的具体需求。

典型的舵机是由直流电机、减速齿轮组、传感器和控制电路组成的一套自动控制系统。通过发送信号，指定舵机输出轴的旋转角度来实现舵机的可控转动[34]。一般而言，舵机都有最大的旋转角度（比如180°）。其与普通直流电机的区别主要在于直流电机是连续转动的，而舵机却只能在一定角度范围内转动，不能连续转动（数字舵机除外，它可以在舵机模式和电机模式中自由切换）；普通直流电机无法反馈转动的角度信息，而舵机却可以。此外，它们的用途也不同，普通直流电机一般是整圈转动，作为动力装置使用；舵机是用来控制某物体转动一定的角度（比如机器人的关节），作为调整或控制器件使用。

舵机分解图如图2-11所示，它主要是由外壳、传动轴、齿轮传动、电动机、电位计、控制电路板元件等构成。其主要工作原理是：由控制电路板发出

信号并驱动电动机开始转动,通过齿轮传动装置将动力传输到传动轴,同时由电位计检测送回的信号,判断是否已经到达指定位置[35]。

简言之,舵机工作时,控制电路板接收来自信号线的控制信号,控制舵机转动,舵机带动一系列齿轮组,经减速后传动至输出舵盘[36]。舵机的输出轴和位置反馈电位计是相连的,舵盘转动的同时,带动位置反馈电位计,电位计输出一个电压信号到控制电路板进行反馈,然后控制电路板根据所在位置决定电机的转动方向和速度,实现控制目标后即告停止。

舵机控制板主要是用来驱动舵机和接收电位计反馈回来的信息[37]。电位计的作用主要是通过其旋转后产生的电阻变化,把信号发送回舵机控制板,使其判断输出轴角度是否输出正确。减速齿轮组的主要作用是将力量放大,使小功率电机产生大扭矩[38]。舵机输出扭矩经过一级齿轮放大后,再经过二、三、四级齿轮组,最后通过输出轴将经过多级放大的扭矩输出。图 2 - 12 所示为舵机的 4 级齿轮减速增力机构,就是通过这么一级级地把小的力量放大,使得一个小小的舵机能有 15 kg·cm① 的扭矩。

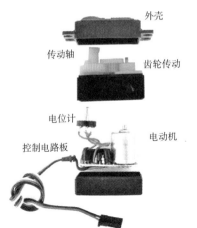

图 2 - 11　舵机分解结构图

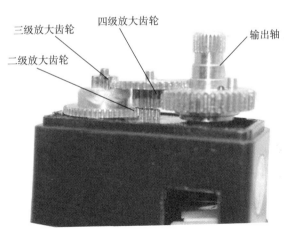

图 2 - 12　舵机多级齿轮减速机构

为了适合不同的工作环境,舵机还有采用防水及防尘设计的类型,并且因应不同的负载需求,所用的齿轮有塑料齿轮、混合材料齿轮和金属齿轮之分。比较而言,塑料齿轮成本低、传动噪声小,但强度弱、扭矩小、寿命短;金属齿轮强度高、扭矩大、寿命长,但成本高,在装配精度一般时传动中会有较大的噪声。小扭矩舵机、微型舵机、扭矩大但功率密度小的舵机一般都采用塑料

---

① 1 kg·cm≈0.098 N·m。

齿轮，如 Futaba 3003、辉盛的 9 g 微型舵机均采用塑料齿轮。金属齿轮一般用于功率密度较高的舵机上，比如辉盛的 995 舵机，该舵机在和 Futaba 3003 同样大小体积的情况下却能提供 13 kg·cm 的扭矩。少数舵机，如 Hitec，甚至用钛合金作为齿轮材料，这种像 Futaba 3003 体积大小的舵机能提供 20 kg·cm 多的扭矩，堪称小块头的大力士[39]。使用混合材料齿轮的舵机其性能处于金属齿轮舵机和塑料齿轮舵机之间。

由于舵机采用多级减速齿轮组设计，使得舵机能够输出较大的扭矩。正是由于舵机体积小、输出扭矩大、控制精度高的特点满足了小型仿生机器人对于驱动单元的主要需求，所以舵机在本书介绍的仿蛛机器人中得到了采用，由它们来为该机器人提供驱动力或驱动扭矩。

2.2.5　舵机的驱动与控制

舵机的控制信号是一个脉宽调制信号，十分方便和数字系统进行接口。能够产生标准控制信号的数字设备都可以用来控制舵机，比如 PLC（Programmable Logic Controller，可编程逻辑控制器）、单片机等。

舵机伺服系统由可变宽度的脉冲进行控制，控制线是用来传送脉冲的。脉冲的参数有最小值、最大值和频率。一般而言，舵机的基准信号都是周期为 20 ms、宽度为 1.5 ms。这个基准信号定义的位置为中间位置。舵机有最大转动角度，中间位置的定义就是从这个位置到最大角度与最小角度的量完全一样。最重要的一点是，不同舵机的最大转动角度可能不同，但是其中间位置的脉冲宽度是一定的，那就是 1.5 ms。舵机驱动脉冲如图 2–13 所示。

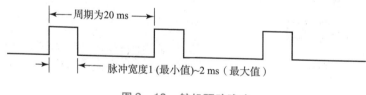

图 2–13　舵机驱动脉冲

舵机转动的角度是由来自控制线的持续脉冲所产生的。这种控制方法叫做脉冲调制。脉冲的长短决定舵机转动多大的角度。例如，1.5 ms 的脉冲会让舵机转动到中间位置（对于转角为 180° 的舵机来说，就是 90° 的位置）。当控制系统发出指令让舵机转动到某一位置，并让它保持这个角度，这时外力的影响不会让这个角度产生变化。但是这种情况是有上限的，上限就是舵机的最大扭矩。除非控制系统不停地发出脉冲稳定舵机的角度，否则舵机的角度不会一直不变。

当舵机接收到一个小于 1.5 ms 的脉冲，其输出轴会以中间位置为标准，逆时针旋转一定角度。当舵机接收到大于 1.5 ms 的脉冲，情况则相反，其输出轴会以中间位置为标准，顺时针旋转一定角度。不同品牌，甚至同一品牌的不同舵机，都会有不同的最大脉冲值和最小脉冲值。一般而言，最小脉冲为 1 ms，最大脉冲为 2 ms。转角为 180°的舵机其输出转角与输入信号脉冲宽度的关系如图 2 - 14 所示[40]。360°舵机也是通过占空比控制，只不过大于 1.5 ms 和小于 1.5 ms 是调节的顺时针旋转还是逆时针旋转，不同的占空比，转速不同。

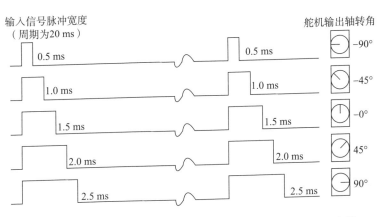

图 2 - 14　180°舵机输出转角与输入信号脉冲宽度的关系示意图

舵机有一个三线的接口。黑线（或棕色线）接地线，红线接 +5 V 电压，黄线（或白色线、橙色线）接控制信号端。与直流电机不同的是，舵机多了一根信号线，给这根线提供 PWM（Pulse Width Modulation，脉冲宽度调制）信号就可以实现对舵机的控制。

控制信号进入舵机信号调制芯片，获得直流偏置电压。它的内部有一个基准电路，产生周期为 20 ms，宽度为 1.5 ms 的基准信号，将获得的直流偏置电压与电位计的电压进行比较，获得电压差输出。最后，电压差的正负输出到电机驱动芯片就可以决定电机的正反转。当电机转速一定时，通过级联减速齿轮带动电位计旋转，使得电压差为 0 时，电机停止转动[41]。

舵机是以 20 ms 为周期的脉冲波进行控制的[42]。具体在实践中，舵机的控制方式就多种多样了。

情景一：单片机控制

单片机控制也分为两种，像 STM32 和比较高级的 51 单片机等都是自带 PWM 输出的，这时候直接设置寄存器控制即可。但是如果没有这个功能，那么怎么办呢？这时候就要用到定时器了，可以用定时器来进行计时，从而产生

PWM 波来对舵机进行控制。

举个例子说明。定义两个变量 a 和 b，定时器设置为每 1 ms 中断一次。那么用 a 来计算中断的次数，控制周期为 20 ms，用 b 来控制高的占空比。然后把需要输出 PWM 波的管脚在高电平的时候拉高，低电平的时候拉低就行了。

用单片机进行控制的好处是编程的自由度很大，可以很容易地对舵机进行控制。

情景二：舵机控制板控制

舵机控制板控制要简单很多，即便没有硬件编程经验也可以很快学会。舵机控制板可以同时控制许多舵机，常见的有 16 路和 32 路的；舵机控制板有上位机软件，采用可视化控制，不需要编程。可在软件界面里拖拉舵机需要转动的角度，设置转动角度所需要的时间即可。如果有多个舵机需要控制的话，一下子全设置完毕后，保存为一个动作组。然后接着设计下一个动作组。这种控制方式非常适合用来控制多足机器人或舞蹈机器人。

舵机控制板上还留有和 MCU（多点控制单元）通信的接口，可以实时发送命令来控制舵机。

2.3　我身体的结构设计

2.3.1　仿蛛机器人自由度的确定

对于不同的多足昆虫来说，其腿形的差异很大；即使是同一个多足昆虫，其前腿、中腿和后腿的结构也都有所不同，这就给机器人的仿生结构设计带来了困难。但在实际的仿生设计中，人们追求的是形状仿生和功能仿生的协调统一，所以在设计与制作仿蛛机器人的结构时，完全可以不用追求形状的全面相似。在设计过程中应当采用模块化的设计理念，使仿蛛机器人的每条腿都具有相同的结构，这样可以大大减少设计的工作量，也便于后续的器件配置、系统调试和器件更换等工作。实践表明这样设计与制作的仿蛛机器人同样具有丰富的行走步态和出色的运动效果。

要想运用模块化理念来设计仿蛛机器人的腿部结构，第一步就是要确定机器人的自由度。六足机器人为了顺利实现抬腿、摆动、蹬腿等动作，每条腿的自由度就必须达到 2～4 个。机器人腿部的自由度越多，构造就越复杂，机器人能实现的步态也就越丰富；反之机器人腿部的自由度越少，结构就越简单，机器人能完成的动作也就越有限[43]。下面分别介绍二自由度与三自由度的机器人腿部结构设计。

2.3.2　二自由度的腿部结构设计

在这种自由度配置的机器人腿型中，两个关节都可以采用舵机驱动，靠近机器人躯体的关节在垂直于纸面的方向转动，实现机器人的摆动和蹬腿动作；另外一个关节在平行于纸面的方向转动，实现机器人的抬腿动作[44]。六条腿在总共 12 个舵机以不同转角、不同转速、不同时间控制规律的驱动下，就可以带动机器人实现前进、后退和转弯，其情况如图 2-15 所示。

2.3.3　三自由度的腿部结构设计

三自由度的腿部结构可以比二自由度的腿部结构实现更为丰富的步态动作，而这三个自由度同样可以采用简单的舵机进行驱动。为了提高仿蛛机器人的整体运动性能，本书采用三自由度的腿部结构形式来设计仿蛛机器人。图 2-16 所示为仿蛛机器人腿部结构的三维模型，与机身连接的两个舵机采用一体设计，另一个关节舵机安装在腿部末端。

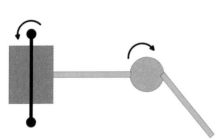 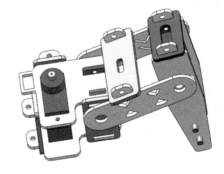

图 2-15　二自由度的机器人腿部结构　　图 2-16　三自由度的机器人腿部结构

通过对国内外多足仿生机器人的分析与研究，以及长期对蜘蛛的身体结构和行走方式的观察，对仿蛛机器人进行了细致的机械结构设计[45]。在仿蛛机器人的整体结构中，躯体结构和腿部结构是最重要的组成部分。机器人足的数目较多时适合重载和慢速运动，而足的数目较少时其运动更加灵活，控制也更加方便。研究发现，步行机器人足数的选择主要考虑的因素如下：行走的稳定性、工作的节能性、功能的冗余性（留出一些资源以备不时之需）、控制的方便性、步态的丰富性等[46]。因此，腿的布置方式是仿蛛机器人整个机械结构设计必须面对的主要问题。

自然界中蜘蛛的身体分为两大部分，包括头胸部（前体）和腹部（后体)[47]。头胸部含有两对副肢，第一对为螯肢，有毒腺开口；第二对为须肢，用以夹持食物及作感觉器官。但在雄性成蛛体上，须肢末节膨大，变为传送精子的交接器。步足共有 4 对，在动物学上分别称之为基节、转节、腿节、膝节、胫节、后跗节、跗节和跗端节（上具爪）。蜘蛛的膝部长有肌肉，它的功能是使腿得以弯曲，但是不能反方向动作。

由图 2 - 17 可见，蜘蛛有八条腿，只不过后部的两条腿相比起来有些孱弱，在运动中的贡献并不大，因此，为了适当降低仿蛛机器人的研制难度，特地将机器人的腿数简化为六

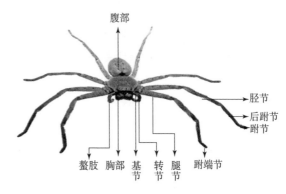

图 2 - 17　蜘蛛的身体结构

条，之所以还称其为仿蛛机器人，主要是其运动形式和工作特点仍然与蜘蛛相似。

在仿蛛机器人步行运动过程中，将其拥有的六条腿分为 2 组，把躯体一侧的前足、后足及另一侧的中足分为一组，其余的三条腿分成另外一组，并对机器人腿部的结构和功能进行适度简化，每条腿具有三个自由度。在仿蛛机器人行走过程中，一组腿抬起，另一组腿着地，在摆腿的过程中实现机器人的前行或者转弯。仿蛛机器人在正常行走情况下，假设各支撑腿与地面之间不产生滑动，将其简化为点接触，可以将其当做机构学上的球面副，具有三个自由度，再加上剩余的三个关节，总共有 6 个自由度。假设机器人任一时刻处于支撑状态的腿的条数为 n，此时机器人具有 n 个并联机构组成，其自由度计算如下：

$$F = \sum_{i=1}^{n} f_i - \sum_{i=1}^{L} \lambda_i - f_p - F_1 + \lambda_0 \qquad (2-1)$$

其中，p——运动副数目，$p = 4n$；

f_i——第 i 个运动副所具有的自由度数目，$f_i = 1 \, (i = 1 \sim 3n)$，$f_i = 3 \, (i = 3n + 1 \sim 4n)$；

L——独立封闭环的数目，$L = n - 1$。

经研究发现，机器人腿部机构设计的基本要求主要有以下几点：一是应当具有较强的承载能力。在行走过程中，机器人的质量由各条腿交替进行支撑，并在负重状态下实现机器人机体向前的运动，因此机器人的各条腿要具备较强的承载能力；二是运动要灵活，机器人不仅能够实现直线行走和平面运动，还要能够实现灵活的转向，要实现这种功能，腿机构的自由度应不少于 3[48]。但

从制造工艺的要求来看，仿蛛机器人的腿部机构又不能过于复杂，杆件过多会导致结构庞大、传动困难。因此，虽然以生物蜘蛛的腿部结构为仿生基础，但对仿蛛机器人的腿部结构必须进行一定的简化，这样不仅可以精简机器人的腿部结构，而且可提高其可靠性、稳定性、鲁棒性。最后确定的仿蛛机器人腿部结构如图 2-18 所示。

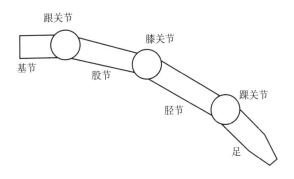

图 2-18　仿蛛机器人的腿部结构

2.3.4　仿蛛机器人腿部结构的设计

仿蛛机器人腿部结构设计时主要应该考虑以下三个因素：

（1）能够实现相关的运动要求。设计完美和制作精良的仿蛛机器人应当能走出直线轨迹或平面曲线轨迹，且能够灵活转向[49]。

（2）必须具备一定的承载能力。仿蛛机器人的腿部在静止时，由六条腿共同支撑机器人全身的重量，各腿的负担较小；但在运动时，需要由各腿交替支撑机器人的整体重量，各腿的负担较大，因此机器人的各腿必须具备一定的结构强度和支撑稳定性。

（3）易于实现、便于控制。对于仿蛛机器人来说，结构方面应力求简单紧凑，不能过于复杂；控制方面也要努力做到简单易行，这样才能有效降低整体调试的难度。

1. 舵机的结构设计

仿蛛机器人腿部关节由舵机进行驱动，下面讲解一下舵机的结构设计：

1）舵机的实体建模

（1）选择下拉菜单"文件—新建"命令，系统弹出"新建文件"窗口如图 2-19 所示，选择文件类型"零件"，单击"确定"按钮。

（2）在菜单命令栏中选择"草图—草图绘制"命令，选择"前视基准面"，进入草图 1 的绘制界面，如图 2-20 所示。

图 2-19　新建舵机零件

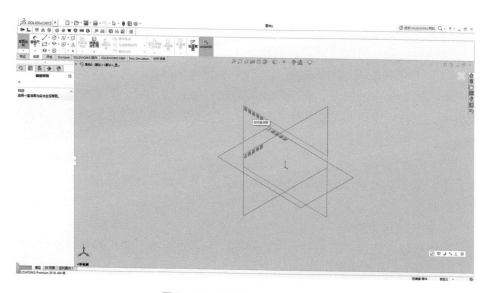

图 2-20　舵机草图 1 绘制界面

（3）通过使用图形绘图命令完成草图，然后在菜单命令栏中选择"草图—智能尺寸"命令，对草图进行尺寸标注，如图 2-21 所示。

（4）在菜单命令栏中选择"特征—拉伸凸台/基体"命令，在"凸台-拉伸"命令栏中选择"方向 1—给定深度—D1（2.5 mm）"后，单击"确定"按钮，完成凸台拉伸任务，如图 2-22 所示。

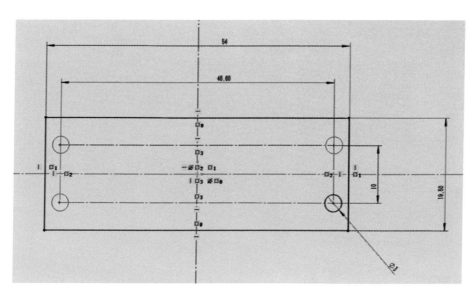

图 2-21 舵机草图 1 的尺寸标注

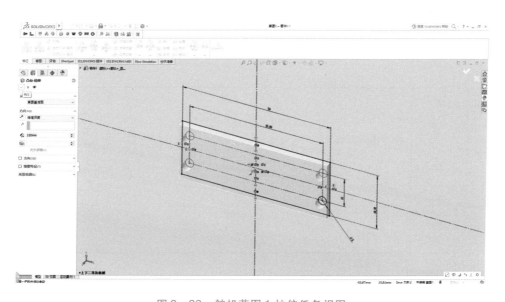

图 2-22 舵机草图 1 拉伸任务视图

（5）在菜单命令栏中选择"草图—草图绘制"命令，选择"凸台正视基准面"，通过各类绘图命令完成草图 2 的绘制（图 2-23）。

（6）在菜单命令栏中选择"草图—智能尺寸"命令，对草图 2 进行尺寸标注，如图 2-24 所示。

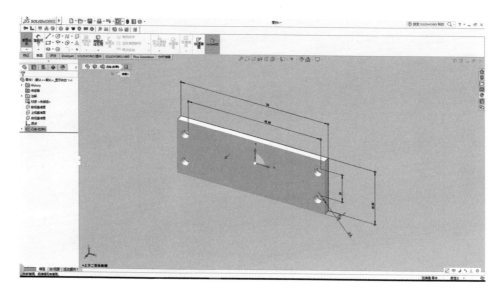

图2-23　舵机草图2绘制界面

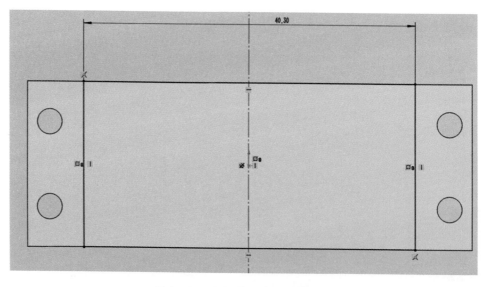

图2-24　舵机草图2的尺寸标注

（7）在菜单命令栏中选择"特征—拉伸切除"命令，在"凸台-拉伸"命令栏中选择"方向1—27 mm"后，单击"确定"按钮，完成拉伸切除任务，如图2-25所示。

（8）在菜单命令栏中选择"草图—草图绘制"命令，选择"凸台正视基准面"，通过各类绘图命令完成草图3的绘制（图2-26）。

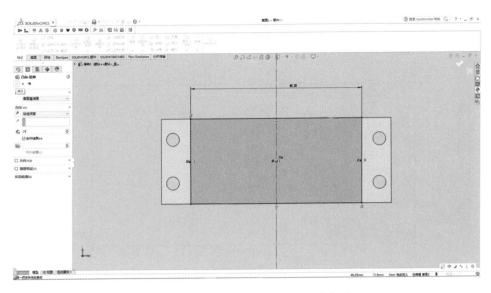

图 2 - 25 舵机草图 2 拉伸切除任务视图

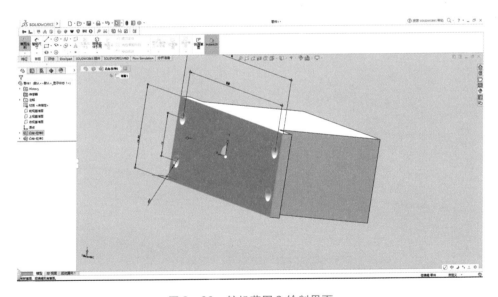

图 2 - 26 舵机草图 3 绘制界面

（9）在菜单命令栏中选择"草图—智能尺寸"命令，对草图 3 进行尺寸标注，如图 2 - 27 所示。

（10）在菜单命令栏中选择"特征—拉伸切除"命令，在"凸台 - 拉伸"命令栏中选择"方向 1—6 mm"后，单击"确定"按钮，完成拉伸切除任务，如图 2 - 28 所示。

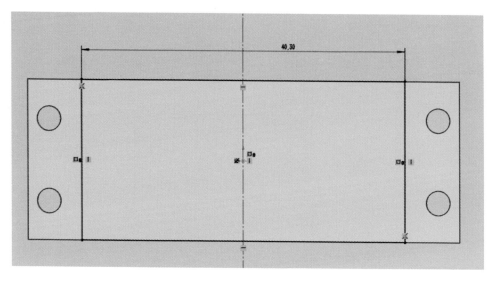

图 2 - 27　舵机草图 3 的尺寸标注

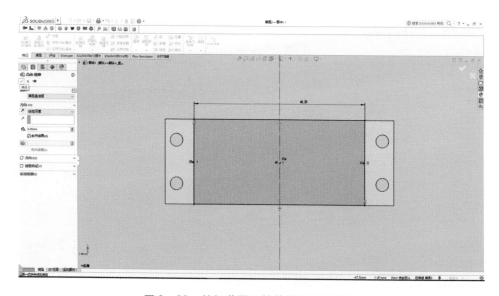

图 2 - 28　舵机草图 3 拉伸切除任务视图

（11）在菜单命令栏中选择"草图—草图绘制"命令，选择"凸台正视基准面"，通过各类绘图命令完成草图 4 的绘制（图 2 - 29）。

（12）在菜单命令栏中选择"草图—智能尺寸"命令，对草图 4 进行尺寸标注，如图 2 - 30 所示。

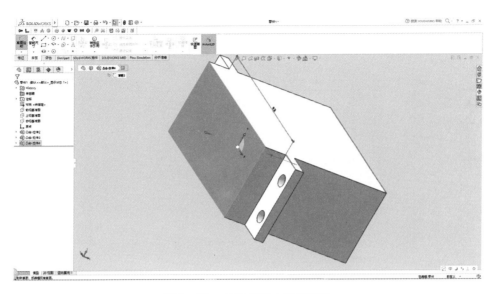

图 2-29　舵机草图 4 绘制界面

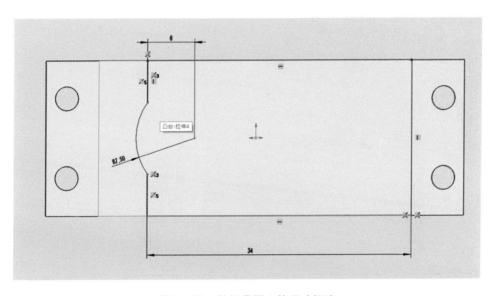

图 2-30　舵机草图 4 的尺寸标注

（13）在菜单命令栏中选择"特征—拉伸切除"命令，在"凸台-拉伸"命令栏中选择"方向 1—6 mm"后，单击"确定"按钮，完成拉伸切除任务，如图 2-31 所示。

（14）在菜单命令栏中选择"草图—草图绘制"命令，选择"凸台正视基准面"，通过各类绘图命令完成草图 5 的绘制（图 2-32）。

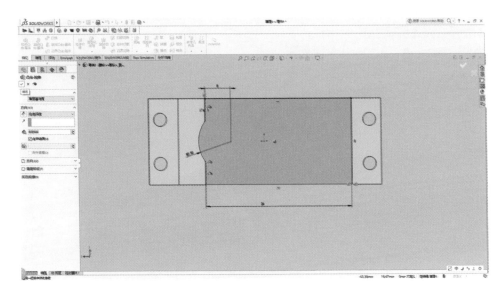

图 2-31　舵机草图 4 拉伸切除任务视图

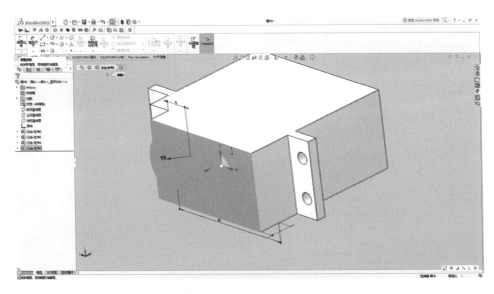

图 2-32　舵机草图 5 绘制界面

（15）在菜单命令栏中选择"草图—智能尺寸"命令，对草图 5 进行尺寸标注，如图 2-33 所示。

（16）在菜单命令栏中选择"特征—拉伸切除"命令，在"凸台-拉伸"命令栏中选择"方向 1—6 mm"后，单击"确定"按钮，完成拉伸切除任务，如图 2-34 所示。

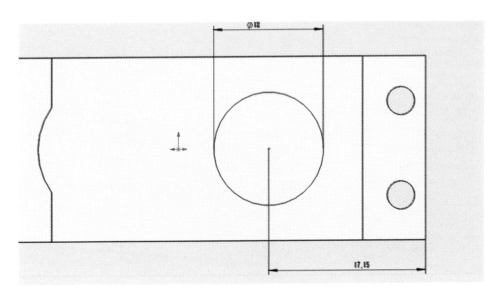

图 2 – 33 舵机草图 5 的尺寸标注

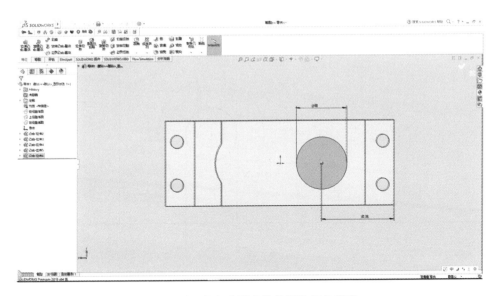

图 2 – 34 舵机草图 5 拉伸切除任务视图

（17）在菜单命令栏中选择"草图—草图绘制"命令，选择"凸台正视基准面"，通过各类绘图命令完成草图 6 的绘制（图 2 – 35）。

（18）在菜单命令栏中选择"草图—智能尺寸"命令，对草图 6 进行尺寸标注，如图 2 – 36 所示。

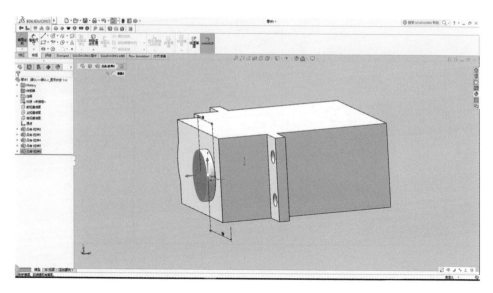

图 2 – 35　舵机草图 6 绘制界面

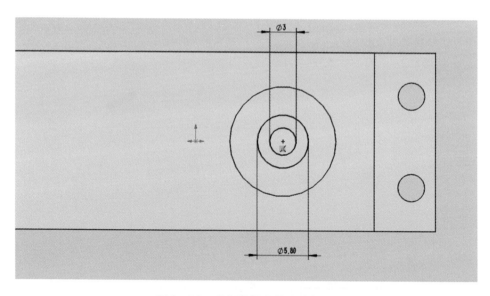

图 2 – 36　舵机草图 6 的尺寸标注

（19）在菜单命令栏中选择"特征—拉伸切除"命令，在"凸台 – 拉伸"命令栏中选择"方向 1—6 mm"后，单击"确定"按钮，完成拉伸切除任务，如图 2 – 37 所示。

（20）在菜单命令栏中选择"正视基准面"，单击零件选择"外观"，进入颜色绘图命令，如图 2 – 38 所示。

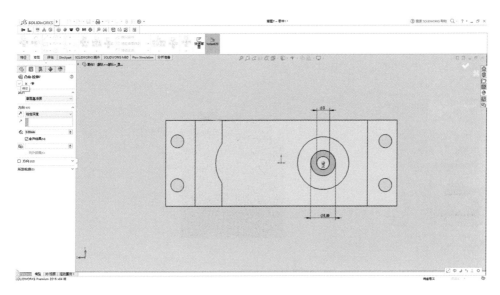

图 2 - 37　舵机草图 6 拉伸切除任务视图

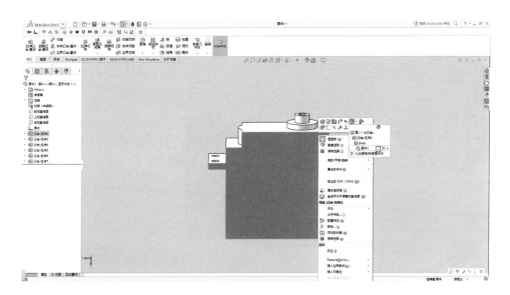

图 2 - 38　舵机外观设计界面

（21）在左侧角的菜单命令栏中单击选择"黑色"，如图 2 - 39 所示。

（22）单击"确定"按钮，完成外观绘图命令，舵机绘制结果如图 2 - 40 所示。

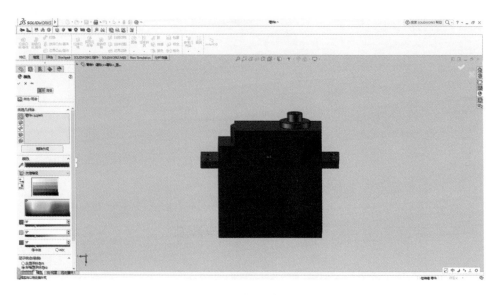

图 2-39 舵机外观设置

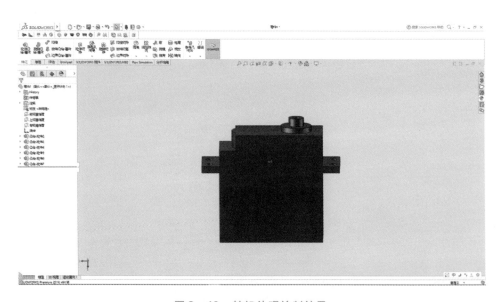

图 2-40 舵机外观绘制结果

（23）选择菜单栏的"文件—另存为"命令，将其保存为"舵机"，具体如图 2-41 所示。

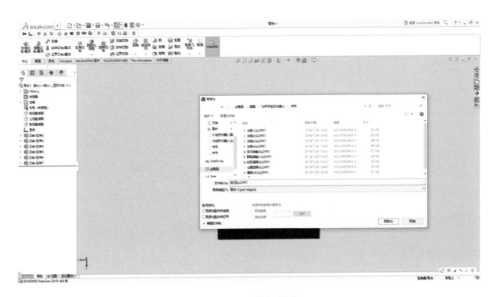

图 2-41 舵机保存

2）铜柱的实体建模

（1）选择下拉菜单"文件—新建"命令，系统弹出"新建文件"窗口，如图 2-42 所示，选择文件类型"零件"，单击"确定"按钮。

（2）在菜单命令栏中选择"草图—草图绘制"命令，选择"前视基准面"，进入草图 1 的绘制（图 2-43）。

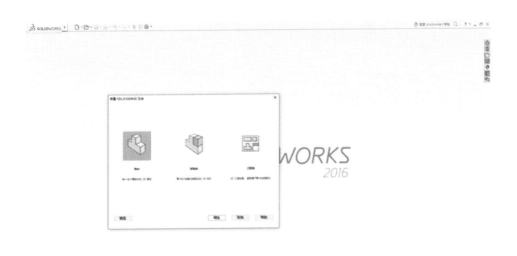

图 2-42 新建铜柱零件

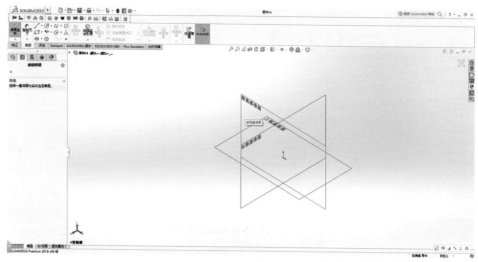

图2-43 铜柱草图1的绘制界面

（3）通过各类图形绘图命令完成草图，在菜单命令栏中选择"草图—智能尺寸"命令，对草图1进行尺寸标注，如图2-44所示。

（4）在菜单命令栏中选择"特征—拉伸凸台/基体"命令，在"凸台-拉伸"命令栏中选择"方向1—给定深度—D1（3 mm）"后，单击"确定"按钮，完成凸台拉伸任务，如图2-45所示。

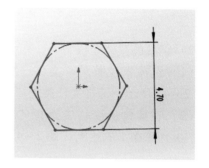

图2-44 铜柱草图1的尺寸标注

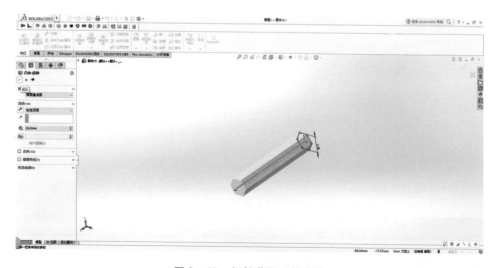

图2-45 铜柱草图1拉伸图

（5）在菜单命令栏中选择"草图—草图绘制"命令，选择"凸台正视基准面"，通过各类绘图命令完成草图 2 的绘制（图 2 - 46）。

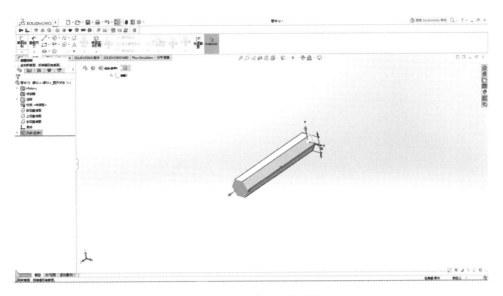

图 2 - 46　铜柱草图 2 绘制界面

（6）在菜单命令栏中选择"草图—智能尺寸"命令，对草图 2 进行尺寸标注，如图 2 - 47 所示。

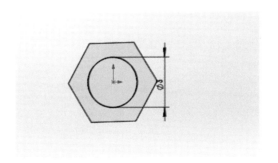

图 2 - 47　铜柱草图 2 的尺寸标注

（7）在菜单命令栏中选择"特征—拉伸切除"命令，在"凸台 - 拉伸"命令栏中选择"方向 1—完全贯通"后，单击"确定"按钮，完成切除任务，如图 2 - 48 所示。

（8）在菜单命令栏中选择"正视基准面"，单击零件选择"外观"，进入颜色绘图命令，如图 2 - 49 所示。

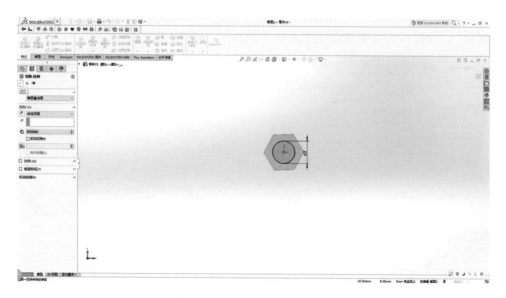

图 2 - 48　铜柱草图 2 切除图

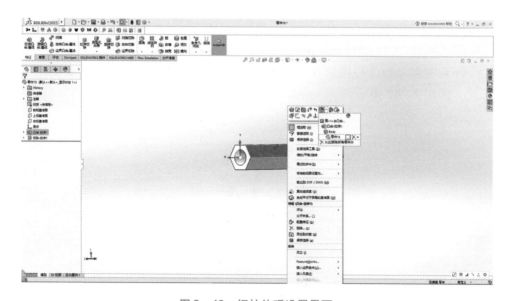

图 2 - 49　铜柱外观设置界面

（9）在右上角的菜单命令栏中单击选择"外观—单色"，选择"橙色"，如图 2 - 50 所示。

（10）单击"确定"按钮，完成外观绘图命令，绘制结果如图 2 - 51 所示。

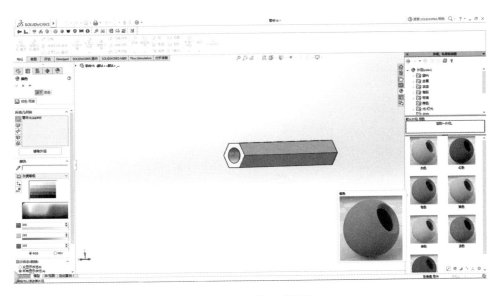

图 2 - 50　铜柱外观设置

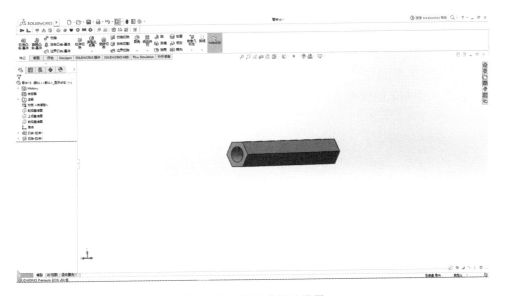

图 2 - 51　铜柱外观结果图

（11）选择菜单栏的"文件—另存为"命令，将其保存为"铜柱_28"，具体如图 2 - 52 所示。

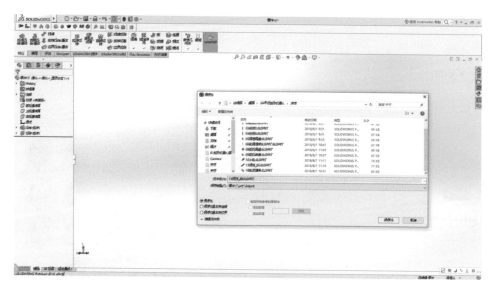

图 2 - 52　铜柱的保存

3）舵机圆盘的实体建模

（1）选择下拉菜单"文件—新建"命令，系统弹出"新建文件"窗口如图 2 - 53 所示，选择文件类型"零件"，单击"确定"按钮。

（2）在菜单命令栏中选择"草图—草图绘制"命令，选择"前视基准面"，进入草图 1 的绘制（图 2 - 54）。

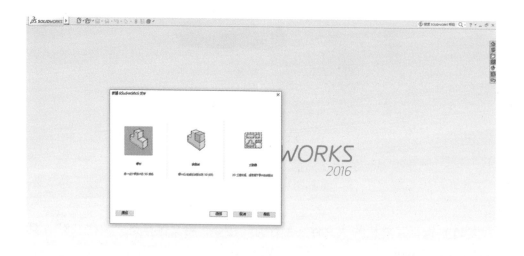

图 2 - 53　新建舵机圆盘零件

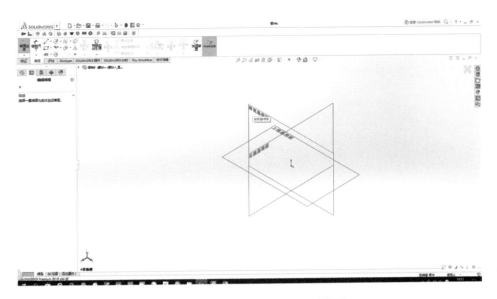

图 2-54 舵机圆盘草图 1 绘制界面

（3）通过各类图形绘图命令完成草图，在菜单命令栏中选择"草图—智能尺寸"命令，对草图 1 进行尺寸标注，如图 2-55 所示。

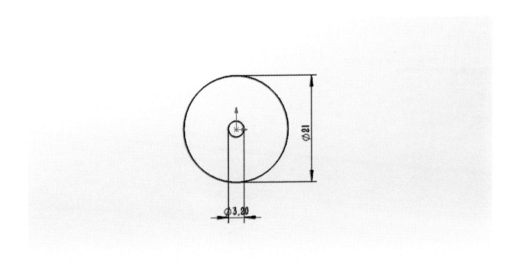

图 2-55 舵机圆盘草图 1 的尺寸标注

（4）在菜单命令栏中选择"特征—拉伸凸台/基体"命令，在"凸台-拉伸"命令栏中选择"方向 1—给定深度—D1（1.5 mm）"后，单击"确定"按钮，完成凸台拉伸任务，如图 2-56 所示。

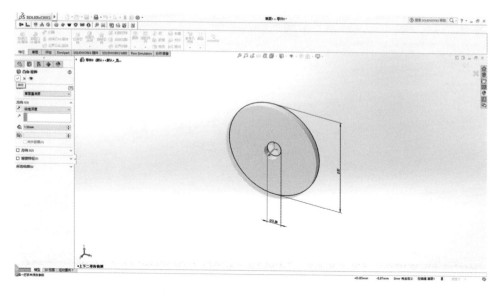

图 2 - 56　舵机圆盘草图 1 拉伸图

（5）在菜单命令栏中选择"草图—草图绘制"命令，选择"凸台正视基准面"，通过各类绘图命令完成草图 2 的绘制（图 2 - 57）。

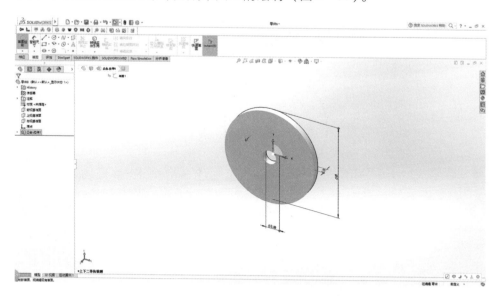

图 2 - 57　舵机圆盘草图 2 绘制界面

（6）通过各类图形绘图命令完成草图，在菜单命令栏中选择"草图—智能尺寸"命令，对草图 2 进行尺寸标注，如图 2 - 58 所示。

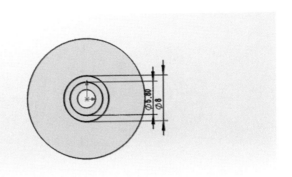

图 2 - 58　舵机圆盘草图 2 的尺寸标注

（7）在菜单命令栏中选择"特征—拉伸凸台/基体"命令，在"凸台 – 拉伸"命令栏中选择"方向 1—给定深度—D1（3 mm）"后，单击"确定"按钮，完成凸台拉伸任务，如图 2 – 59 所示。

图 2 - 59　舵机圆盘草图 2 拉伸图

（8）在菜单命令栏中选择"草图—草图绘制"命令，选择"凸台正视基准面"，通过各类绘图命令完成草图 3 的绘制（图 2 – 60）。

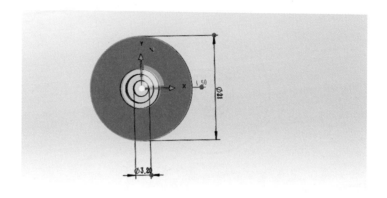

图 2 - 60　舵机圆盘草图 3 绘制界面

（9）在菜单命令栏中选择"草图—智能尺寸"命令，对草图 3 进行尺寸标注，如图 2 - 61 所示。

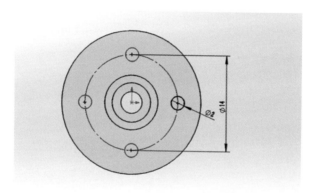

图 2 - 61　舵机圆盘草图 3 的尺寸标注

（10）在菜单命令栏中选择"特征—拉伸切除"命令，在"凸台 - 拉伸"命令栏中选择"方向 1—完全贯通"后，单击"确定"按钮，完成切除任务，如图 2 - 62 所示。

（11）在菜单命令栏中选择"正视基准面"，单击零件选择"外观"，进入颜色绘图命令，如图 2 - 63 所示。

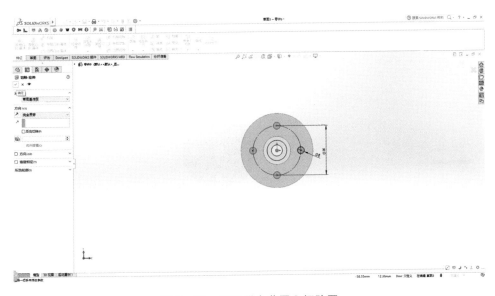

图 2-62　舵机圆盘草图 3 切除图

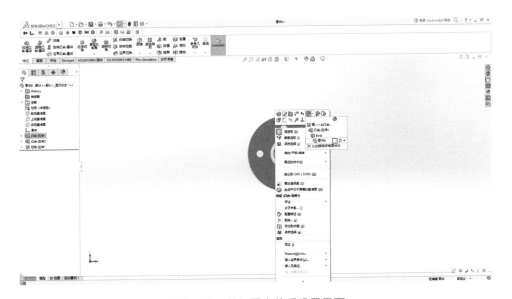

图 2-63　舵机圆盘外观设置界面

（12）在右上角的菜单命令栏中单击选择"外观—单色"，选择"黄色"，如图 2-64 所示。

（13）单击"确定"按钮，完成外观绘图命令。

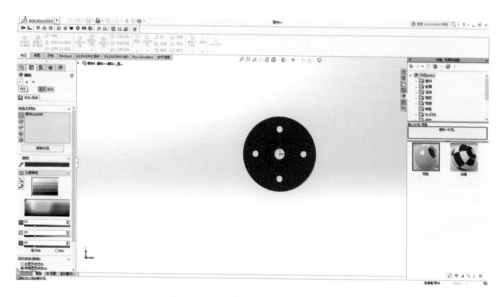

图2-64　舵机圆盘外观设置

（14）选择菜单栏的"文件—另存为"按钮，将其保存为"舵机圆盘"，具体如图2-65所示。

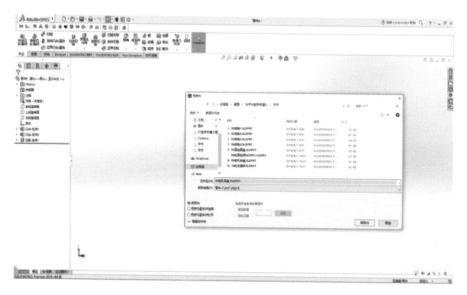

图2-65　舵机圆盘的保存

（15）至此，可得舵机圆盘实体造型模型如图2-66所示。

图 2 – 66 舵机圆盘外观结果图

4）螺母的实体建模

（1）选择下拉菜单"文件—新建"命令，系统弹出"新建文件"窗口如图 2 – 67 所示，选择文件类型"零件"，单击"确定"按钮。

图 2 – 67 新建螺母零件

（2）在菜单命令栏中选择"草图—草图绘制"命令，选择"前视基准面"，进入草图 1 的绘制（图 2 – 68）。

（3）通过各类图形绘图命令完成草图，在菜单命令栏中选择"草图—智能尺寸"命令，对草图1进行尺寸标注，如图2-69所示。

（4）在菜单命令栏中选择"特征—拉伸凸台/基体"命令，在"凸台-拉伸"命令栏中选择"方向1—给定深度—D1（2 mm）"后，单击"确定"按钮，完成凸台拉伸任务，如图2-70所示。

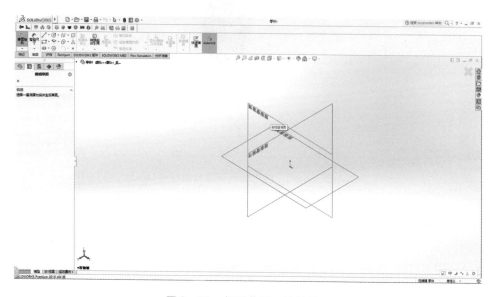

图2-68　螺母草图1绘制界面

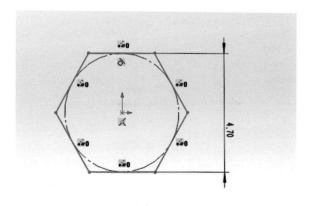

图2-69　螺母草图1的尺寸标注

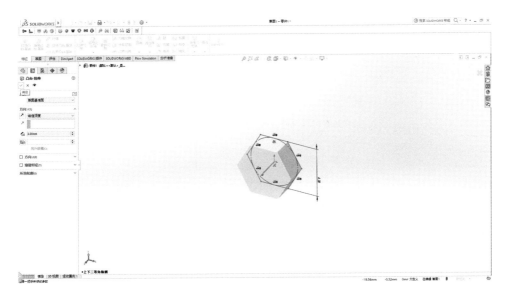

图 2-70 螺母草图 1 拉伸图

（5）在菜单命令栏中选择"草图—草图绘制"命令，选择"凸台正视基准面"，通过各类绘图命令完成草图 2 的绘制（图 2-71）。

（6）在菜单命令栏中选择"草图—智能尺寸"命令，对草图 2 进行尺寸标注，如图 2-72 所示。

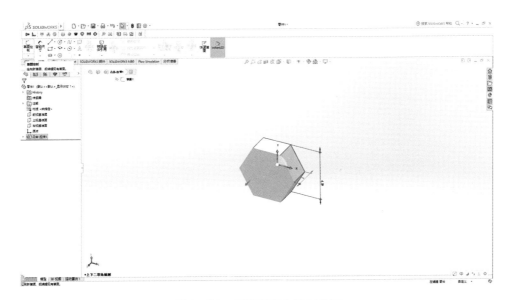

图 2-71 螺母草图 2 绘制界面

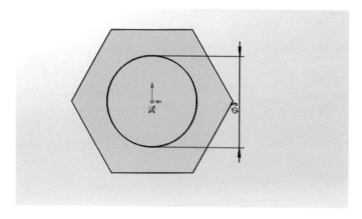

图 2 - 72　螺母草图 2 的尺寸标注

（7）在菜单命令栏中选择"特征—拉伸切除"命令，在"凸台－拉伸"命令栏中选择"方向 1—完全贯通"后，单击"确定"按钮，完成拉伸切除任务，如图 2 - 73 所示。

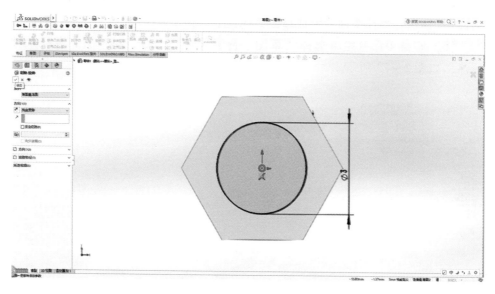

图 2 - 73　螺母草图 2 切除图

（8）在菜单命令栏中选择"正视基准面"，单击零件选择"外观"，进入颜色绘图命令，如图 2 – 74 所示。

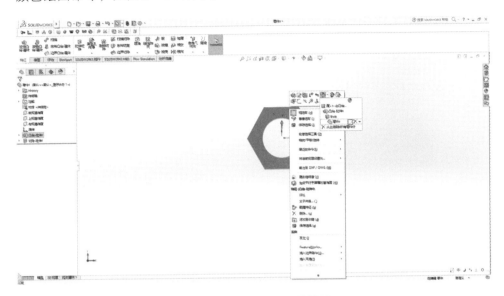

图 2 – 74　螺母外观设置界面

（9）在右上角的菜单命令栏中单击选择"外观—单色"，选择"黄色"，如图 2 – 75 所示。

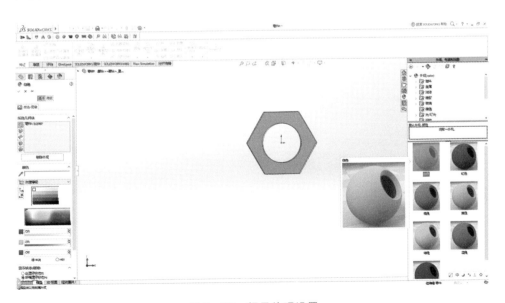

图 2 – 75　螺母外观设置

（10）单击"确定"按钮，完成外观绘图命令，绘制结果如图2-76所示。

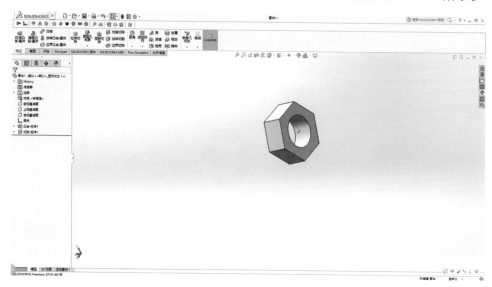

图2-76　螺母外观结果图

（11）选择菜单栏的"文件—另存为"按钮，将其保存为"螺母"，具体如图2-77所示。

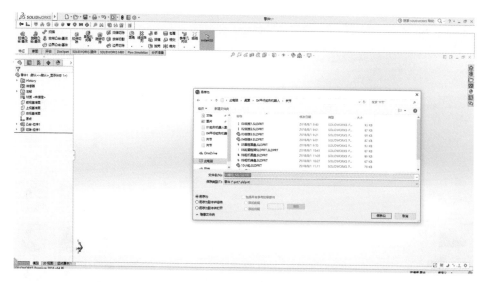

图2-77　螺母的保存

5）螺栓的实体建模

（1）选择下拉菜单"文件—新建"命令，系统弹出"新建文件"窗口如图2-78所示，选择文件类型"零件"，单击"确定"按钮。

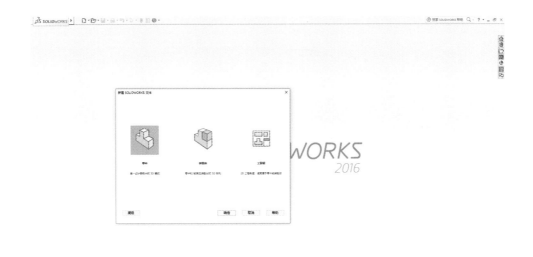

图 2 - 78　新建螺栓零件

（2）在菜单命令栏中选择"草图—草图绘制"命令，选择"前视基准面"，进入草图 1 的绘制（图 2 - 79）。

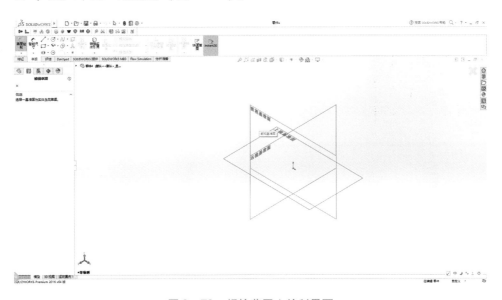

图 2 - 79　螺栓草图 1 绘制界面

（3）通过各类图形绘图命令完成草图，在菜单命令栏中选择"草图—智能尺寸"命令，对草图 1 进行尺寸标注，如图 2 - 80 所示。

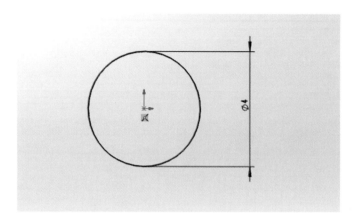

图 2 - 80　螺栓草图 1 的尺寸标注

（4）在菜单命令栏中选择"特征—拉伸凸台/基体"命令，在"凸台 - 拉伸"命令栏中选择"方向 1—给定深度—D1（2 mm）"后，单击"确定"按钮，完成凸台拉伸任务，如图 2 - 81 所示。

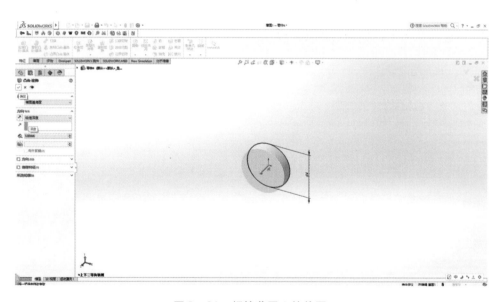

图 2 - 81　螺栓草图 1 拉伸图

（5）在菜单命令栏中选择"草图—草图绘制"命令，选择"凸台正视基准面"，通过各类绘图命令完成草图 2 的绘制（图 2 - 82）。

（6）在菜单命令栏中选择"草图—智能尺寸"命令，对草图 2 进行尺寸标注，如图 2 - 83 所示。

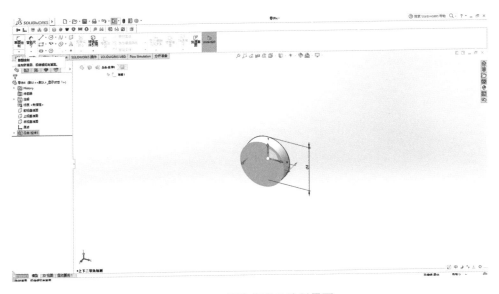

图 2 - 82　螺栓草图 2 绘制界面

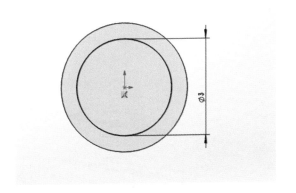

图 2 - 83　螺栓草图 2 的尺寸标注

（7）在菜单命令栏中选择"特征—拉伸切除"命令，在"凸台 - 拉伸"命令栏中选择"方向 1—完全贯通"后，单击"确定"按钮，完成拉伸切除任务，如图 2 - 84 所示。

（8）在菜单命令栏中选择"正视基准面"，单击零件选择"外观"，进入颜色绘图命令，如图 2 - 85 所示。

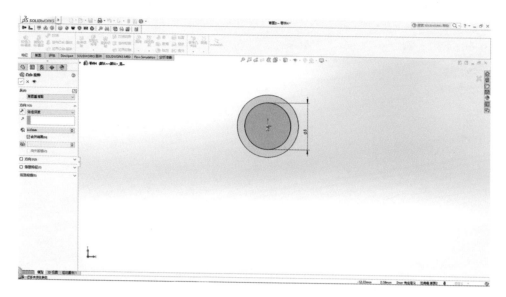

图2-84　螺栓草图2拉伸图

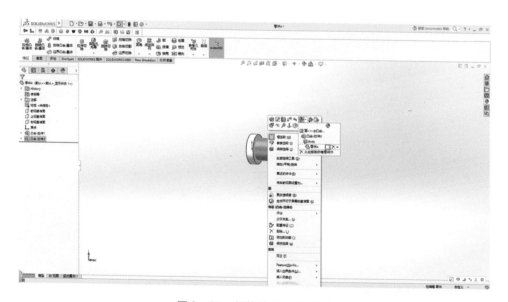

图2-85　螺栓外观设置界面

（9）在右上角的菜单命令栏中单击选择"外观—单色"，选择"白色"，如图2-86所示。

（10）单击"确定"按钮，完成外观绘图命令，绘制结果如图2-87所示。

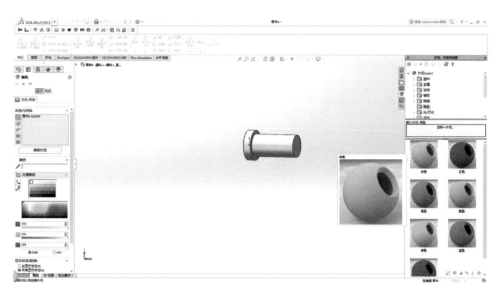

图 2 – 86　螺栓外观设置

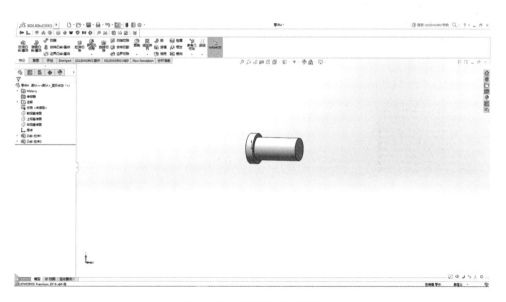

图 2 – 87　螺栓外观结果图

（11）选择菜单栏的"文件—另存为"命令，将其保存为"螺栓 M3_6"，
具体如图 2 – 88 所示。

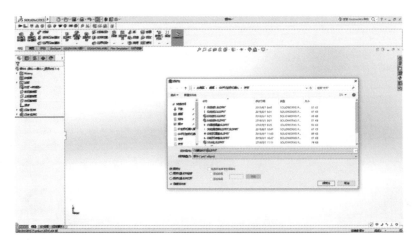

图 2-88　保存螺栓文件

2. 腿部各零部件的设计

仿蛛机器人属于步行机器人，因此其最重要的设计工作集中在腿部。好的腿部机构及其零部件可以让机器人具备六足生物一样的行走、转向能力，还可以使机器人的装配过程简单易行。图 2-89 所示为仿蛛机器人的腿部结构，采用相同的零件拼装成对称的双腿结构，这样既能使机器人整体造型美观、简洁，又提高了零部件加工、装配的效率，还改善了零部件的冗余互换性。本书所阐述的仿蛛机器人其结构件采用厚度为 2 mm 的亚克力板经激光切割机切割而成，除有特殊标注，一般不作说明。下面将对仿蛛机器人腿部各零部件进行具体介绍。

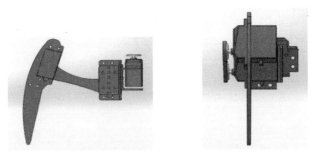

图 2-89　仿蛛机器人腿部零件造型图

1）腿部末端机构设计

仿蛛机器人的腿部末端机构由一个舵机和四种零件构成，其中，零件 1 为舵机安装板，主要用于安装并固定舵机；零件 2 为舵机安装侧板，主要用于组成末端机构，并构成舵机转动副；零件 3 为端部固定板，主要用于固定末端机构的端部；零件 4 为 2 个相同的连接铜柱，主要用于固定末端机构另一端部。

2）连接板组件设计

连接板组件（见图2-90）的主要作用是连接末端机构和躯干连接块的转动副，实现动力传输和运动传动。其主要的安装尺寸包括轴承安装孔尺寸、舵盘安装孔的尺寸以及连接板的整体长度。连接板组件由三个零件组成，一是轴承安装侧板（见图2-91），二是舵盘安装侧板（见图2-92），三是连接定位板（见图2-93）。

图 2-90　连接板组件

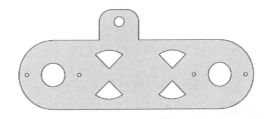

图 2-91　轴承安装侧板

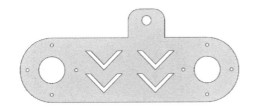

图 2-92　舵盘安装侧板

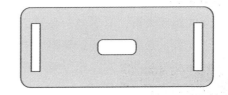

图 2-93　连接定位板

3）躯干连接块设计

在躯干连接块上需要安装两个轴线相互垂直的舵机（见图2-94），主要尺寸包括舵机定位尺寸、定位板尺寸、线孔尺寸。躯干连接块由三个零件组成，一是连接定位板（见图2-95），二是上舵机安装板（见图2-96（a）），三是下舵机安装板（见图2-96（b））。躯干连接块的设计应当做到结构紧凑、安装方便。

图 2-94　躯干连接块

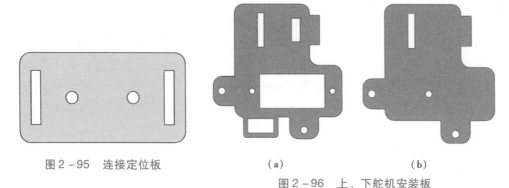

图2-95 连接定位板

（a） （b）

图2-96 上、下舵机安装板

2.3.5 仿蛛机器人躯干结构的设计

躯干部分是仿蛛机器人的主体部分，起到了连接腿部、搭载控制板和电池的作用。仿蛛机器人机身零件的设计是在腿部设计之后进行的，为了得到最佳的设计效果，需认真考虑机身厚度是否会限制腿部零件得活动空间。机身零件设计工作最主要的问题是舵盘安装孔的定位是否准确。在仿蛛机器人中，若两个定位孔之间的距离太近，会导致两条腿运动时出现干涉现象；若距离太远，又不容易获得美观的外形和流畅的步态，所以躯干部分的设计是非常重要的一个环节。

1. 躯干上安装板的设计

仿蛛机器人上安装板的主要尺寸包括舵盘安装尺寸、上下板连接孔尺寸、控制器安装孔尺寸和线孔尺寸。上安装板的设计效果如图2-97所示。

2. 下安装板设计

下安装板的主要尺寸包括轴承安装尺寸和上下板连接孔尺寸，下安装板与上安装板外形相同，其设计效果如图2-98所示。

仿蛛机器人的三维模型如图2-99（a）、（b）、（c）所示。

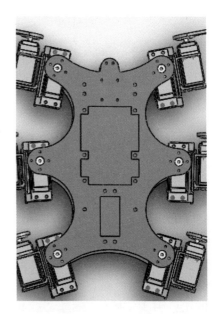

图2-97 上安装板

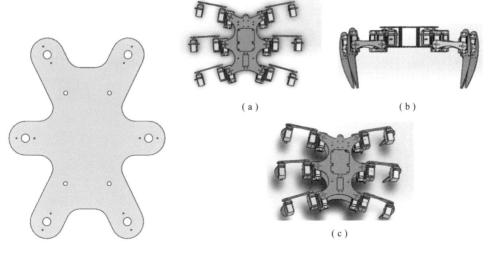

（a） （b）

（c）

图 2 - 99　仿蛛机器人三维模型图

图 2 - 98　下安装板

仿蛛机器人躯干部分的设计完成后，机器人的三维模型设计就已基本完成，在三维软件中将各个零部件调入并进行装配后，稍加渲染，可得仿蛛机器人的三维模型如图 2 - 100 所示。

2.3.6　舵机选型与安装尺寸的确定

在仿蛛机器人的设计与制作过程中，如何改善性能、降低成本是一个十分艰巨的问题。由于仿蛛机器人的关节多、自由度多，需要用到大量的驱动电机（小型仿生机器人的关节驱动可用舵机），而电机

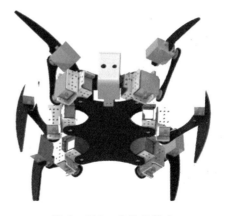

图 2 - 100　仿蛛机器人
三维实体模型

的性能特点、控制方式、市场售价往往并不一致，因而如何正确选择满足仿蛛机器人运动要求、但价格又很亲民的电机极为重要。本节主要介绍如何通过简单分析，来选用物美价廉的电机，从而降低仿蛛机器人的制作成本。

图 2 - 101 是仿蛛机器人单腿结构造型图，此时，腿部末端执行机构与连接板组件相互垂直，舵机受力最大。因此应以该时刻舵机对应的受力来选用舵机，这样才能保证机器人在各个时刻的受力需求。静止时，机器人依靠舵机进行支撑，一个 600 g 左右的六足机器人，单腿需要 100 g 左右的力来支撑，由于力矩 $T = F \times L$，当 $L = 4$ cm 时，$T = 0.4$ kg · cm，但这只是静止时机器人受力均匀时的对应情况。考虑到机器人在运动过程中少有可能出现六条腿同时着

地的情况，因此各腿实际受力将有所增加。
如：仿蛛机器人采用三角步态行走时，任
一时刻至多有三条支撑腿，这样对应的力
矩 $T = 0.8$ kg·cm。选用舵机时，从保证安
全使用的角度出发，可以选用安全系数为
2，则力矩 $T = 1.6$ kg·cm。

图 2 - 101　仿蛛机器人
单腿结构造型图

　　基于上述分析，并兼顾成本因素，决
定采用能够满足仿蛛机器人运动要求、且
控制性能较好的辉盛 MG996R 型号舵机
（见图 2 - 102）。该舵机性价比较高，使用
简单，安装方便，其安装可分为两种形式，
当转轴竖直放置时，采用矩形槽和螺丝安
装；当转轴水平放置时，可以采用卡槽安装。在实际使用中，需要根据切割材
料的种类和切割设备的参数做出适当调整。另外，辉盛 MG996R 型号舵机的安
装孔位见图 2 - 103。

图 2 - 102　辉盛 MG996R 型号舵机

该舵机具体参数如下：

尺寸：40.8 mm × 20 mm × 38 mm

重量：55 g

速度：0.20 s/60°（4.8 V）；0.19 s/60°（6.0 V）

扭矩：13 kg·cm（4.8 V）；15 kg·cm（6.0 V）

电压：4.8 ~ 7.2 V

空载工作电流：120 mA

堵转工作电流：1450 mA

响应脉宽时间：≤5 μs

角度偏差：回中误差0°，左右各45°误差≤3°

齿轮：5 级金属齿轮组

连接线长度：300 mm

安装好舵机的仿蛛机器人腿部如图 2 – 104 所示。

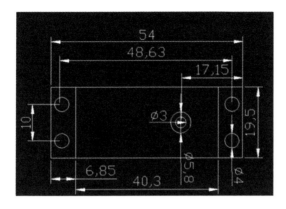

图 2 – 103　舵机的安装孔、槽尺寸

图 2 – 104　安装好舵机的仿蛛机器人腿部

2.3.7　转动副配合与尺寸的确定

转动副配合情况的好坏对仿蛛机器人关节转动的顺畅与否至关重要，设计时必须给予高度重视。通过轴承配合可以很好地实现同轴转动，还可以有效降低转动摩擦，实现更高效率的运动。在仿蛛机器人中，采用加装滚动轴承的方案，通过安装 2 mm 宽的微小轴承实现了滚动传动。具体安装时，可在轴承后面的本体上连接一个螺母阻止轴承内侧的轴向移动，在其外侧通过拧紧螺丝可以限制轴承外侧的轴向移动。通过转动副的结构设计，仿蛛机器人将实现更为顺畅的运动。

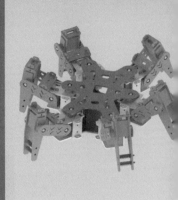

第 3 章

我的眼睛

视觉传感器就是我的眼睛，它是整个机器视觉系统中视觉信息的直接来源，主要由一个或两个图形传感器组成，有时还要配以光投射器及其他辅助设备。视觉传感器的主要功能是获取可供机器视觉系统处理的最原始图像。图像传感器可以使用激光扫描器、线阵和面阵 CCD（电荷耦合器件）摄像机或者 TV（视频会议）摄像机，还可以是最新出现的数字摄像机等[50]。

谈起视觉传感器，人们就会想到 CCD 与 CMOS 两大视觉感应器件。CCD 是一种用电荷量表示信号大小，用耦合方式传输信号的探测元件，具有自扫描、感受波谱范围宽、畸变小、体积小、重量轻、系统噪声低、功耗小、寿命长、可靠性高等一系列优点，并可做成集成度非常高的组合件[51]。在人们的传统印象中，CCD 代表着高解析度、低噪点等"高大上"品质，而 CMOS 由于噪点问题，一直与电脑摄像头、手机摄像头等对画质相对要求不高的电子产品联系在一起。但是现在 CMOS 今非昔比了，鸟枪换炮，其技术有了巨大进步，基于 CMOS 的摄像机绝非只局限于简单的应用，甚至进入了高清摄像机行列[52]。为了更清晰地了解 CCD 和 CMOS 的特点，现在从 CCD 和 CMOS 的不同工作原理说起。

机器人视觉系统是指用计算机来实现人的视觉功能，也就是用计算机来实现对客观的三维世界的识别[53]。人类接收的信息 70% 以上来自视觉，人类视觉提供了关于周围环境的最详细、最可靠、最周全的信息。

人类视觉所具有的强大功能和完美的信息处理方式引起了智能研究者的极大兴趣，人们希望以生物视觉为蓝本研究一个人工视觉系统，并将其运用于机器人系统中，期望机器人因而拥有类似人类感受环境的能力。机器人要对外部世界的信息进行感知，就要依靠各种传感器。与人类一样，在机器人的众多感知传感器中，视觉系统提供了大部分机器人所需的外部世界信息。因此视觉系统在机器人技术中具有重要的作用。

依据所用视觉传感器的数量和特性，目前主流的移动机器人视觉系统可分为单目视觉、双目立体视觉、多目视觉和全景视觉等。

其中，单目视觉系统只使用一个视觉传感器，故此而得名。单目视觉系统在成像过程中由于从三维客观世界投影到二维图像上，从而损失了深度信息，这是此类视觉系统的主要缺点（尽管如此，单目视觉系统由于结构简单、算法成熟且计算量较小，在自主移动机器人中已得到广泛应用，如用于目标跟踪、基于单目特征的室内定位导航等）。同时，单目视觉也是其他类型视觉系统的基础，如双目立体视觉、多目视觉等都是在单目视觉系统的基础上，通过附加其他手段和措施而实现的[54]。

双目视觉系统由两个摄像机组成，利用三角测量原理获得场景的深度信息，并且可以重建周围景物的三维形状和位置，类似人眼的体视功能，原理简单[55]。双目视觉系统需要精确地知道两个摄像机之间的空间位置关系，而且需要两个摄像机从不同角度，同时拍摄同一场景的两幅图像，并进行复杂的匹配，才能准确得到场景环境的 3D 信息。立体视觉系统能够比较准确地恢复视觉场景的三维信息，在移动机器人定位、导航、避障和地图构建等方面得到了广泛的应用。然而，立体视觉系统的难点是对应点的匹配，该问题在很大程度上制约着立体视觉在机器人领域的应用与推广。

多目系统采用三个或三个以上摄像机（三目系统居多），主要用来解决双目立体视觉系统中匹配多义性问题，以提高匹配精度。多目视觉系统最早由莫拉维克研究，他为"Stanford Cart"研制的视觉导航系统采用单个摄像机的"滑动立体视觉"来实现；雅西达提出了采用三目立体视觉系统来解决对应点匹配的问题，真正突破了双目立体视觉系统的局限，并指出在以边界点作为匹配特征的三目视觉系统中，其三元的匹配准确率比较高；艾雅湜提出了用多边形近似的边界点段作为特征的三目匹配算法，并用到移动机器人中，取得了较好的效果，三目视觉系统的优点是充分利用了第三个摄像机的信息，减少了错误匹配，解决了双目视觉系统匹配的多义性，提高了定位精度，但三目视觉系统要合理安置三个摄像机的相对位置，其结构配置比双目视觉系统更烦琐，而且匹配算法更复杂，需要消耗更多的时间，实时性更差。

全景视觉系统是具有较大水平视场的多方向成像系统，突出的优点是有较大的视场，可以达到360°，这是其他常规镜头无法比拟的。全景视觉系统可以通过图像拼接的方法或者通过折反射光学元件实现。图像拼接的方法使用单个或多个相机旋转，对场景进行大角度扫描，获取不同方向上连续的多帧图像，再用拼接技术得到全景图。折反射全景视觉系统由 CCD 摄像机、折反射光学元件等组成，利用反射镜成像原理，可以观察360°的场景，成像速度快，能满足实时性要求，具有十分重要的应用前景，可以应用在机器人导航中。全景视觉系统本质上也是一种单目视觉系统，也无法得到场景的深度信息。其另一个特点是获取的图像分辨率较低，并且图像存在很大的畸变，从而会影响图像处理的稳定性和精度。在进行图像处理时首先需要根据成像模型对畸变图像进行校正，这种校正过程不但会影响视觉系统的实时性，而且还会造成信息的损失。另外，这种视觉系统对全景反射镜的加工精度要求很多，若双曲反射镜面的精度达不到要求，利用理想模型对图像校正则会存在较大的偏差。

混合视觉系统吸收了各种视觉系统的优点，采用两种或两种以上的视觉系统组成复合视觉系统，多采用单目或双目视觉系统，同时配备其他视觉系统。全景视觉系统由球面反射系统组成，其中全景视觉系统提供大视角的环境信息，双目立体视觉系统和激光测距仪检测近距离的障碍物，清华大学的朱志刚等人使用一个摄像机研制了多尺度视觉传感系统 POST，实现了双目注视、全方位环视和左右两侧的全景成像，为机器人提供了导航信息。全景视觉系统具有视场范围大的优点，同时又具备双目视觉系统精度高的长处，但是该类系统配置复杂，费用较高。

3.1 视觉传感器

3.1.1 CCD 器件

CCD 是电荷耦合器件英文 Charge Coupled Device 单词首字母缩写形式，它是一种半导体成像器件（见图3－1），具有灵敏度高、畸变小、体积小、寿命长、抗强光、抗震动等优点[56]。工作时，被摄物体的图像经过镜头聚焦至 CCD 芯片上，CCD 根据光的强弱情况积累相应比例的电荷，各个像素积累的电荷在视频时序的控制下，逐点外移，经滤波、放大处理后，形成视频信号输出。当视频信号连接到监视器或电视机的视频输入端时，人们便可以看到与原始图像相同的视频图像[57]。

图 3 - 1 CCD 实物图

需要说明的是，在 CCD 中，上百万个像素感光后会生成上百万个电荷，所有的电荷全部需要经过一个"放大器"进行电压转变，形成电子信号[58]。因此，这个"放大器"就成了一个制约图像处理速度的"瓶颈"。当所有电荷由单一通道输出时，就像千军万马过"独木桥"一样，庞大的数据量很容易引发信号"拥堵"现象，而数码摄像机高清标准（HDV）却恰恰需要在短时间内处理大量数据。因此，在民用级产品中使用单 CCD 是无法满足高速读取高清数据的需要。

CCD 器件主要由硅材料制成，对近红外光线比较敏感，光谱响应可延伸至 $1.0\ \mu m$ 左右，响应峰值为绿光（550 nm）[59]。夜间采用 CCD 器件隐蔽监视时，可以用近红外灯辅助照明，人眼看不清的环境情况在监视器上却可以清晰成像。由于 CCD 器件表面有一层吸收紫外线的透明电极，所以 CCD 对紫外线并不敏感。彩色摄像机的成像单元上有红、绿、蓝三色滤光条，所以彩色摄像机对红外线和紫外线均不敏感。

3.1.2 CMOS 器件

CMOS 是互补金属氧化物半导体器件的英文 Complementary Metal Oxide Semiconductor单词首字母缩写形式，它是一种电压控制的放大器件（见图 3 - 2），也是组成 CMOS 数字集成电路的基本单元[60]。CMOS 中一对由 MOS 组成的门电路在瞬间要么 PMOS 导通，要么 NMOS 导通，要么都截止，比线性三极管的效率高得多，因此其功耗很低[61]。

图 3 - 2 CMOS 实物图

传统的 CMOS 传感器是一种比 CCD 传感器低 10 倍感光度的传感器。它可以将所有的逻辑运算单元和控制环都放在同一个硅芯片上，使摄像机变得架构简单、易于携带，因此 CMOS 摄像机可以做得非常小巧[62]。与 CCD 不同的是，CMOS 的每个像素点都有一个单独的放大器转换输出，因此 CMOS 没有 CCD 的瓶颈问题，能够在短时间内处理大量数据，输出高清影像，满足 HDV 的需求。另外，CMOS 工作所需要的电压比 CCD 的低很多，功耗只有 CCD 的 1/3 左右，因此电池尺寸可以做得很小，方便实现摄像机的小型化。而且每个 CMOS 都有单独的数据处理能力，这也大大减少了集成电路的体积，为高清数码相机的小型化，甚至微型化奠定了基础。

3.1.3　CCD 与 CMOS 的比较

CCD 和 CMOS 的制作原理并没有本质上的区别，CCD 与 CMOS 孰优孰劣也不能一概而论[63]。一般而言，普及型的数码相机中使用 CCD 芯片的成像质量要好一些，这是因为 CCD 是集成在半导体单晶材料上，而 CMOS 是集成在金属氧化物的半导体材料上，这导致两者的成像质量出现了差别。CMOS 的结构相对简单，其生产工艺与现有大规模集成电路的生产工艺相同，因而使得生产成本有所降低[64]。

从原理上分析，CMOS 的信号是以点为单位的电荷信号，而 CCD 是以行为单位的电流信号，前者更敏感，更省电，速度也更快捷。现在生产的高级 CMOS 并不比一般的 CCD 成像质量差，但相对来说，CMOS 的工艺还不是十分成熟，普通的 CMOS 一般分辨率较低而导致成像质量较差[65]。

目前数码相机的视觉感应器只有 CCD 感应器和 CMOS 感应器两种[66]。市面上绝大多数消费级别和高端级别的数码相机都使用 CCD 作为感应器，一些低端摄像头和简易相机上则采用 CMOS 感应器[67]。若有哪家摄像头厂商生产的摄像头里使用了 CCD 感应器，厂商一定会不遗余力地以其作为卖点大肆宣传，甚至冠以"高级数码相机"之名。一时间，是否使用 CCD 感应器成为人们判断数码相机档次的标准。实际上，这些做法和想法并不十分科学，CCD 与 CMOS 的工作原理就可以说明真实情况。

CCD 是一种可以记录光线变化的半导体组件，由许多感光单位组成，通常以百万像素为单位。当 CCD 表面受到光线照射时，每个感光单位会将电荷反映在组件上，所有的感光单位所产生的信号加在一起，就构成了一幅完整的画面。CMOS 和 CCD 一样，同为在数字相机中可记录光线变化的半导体。CMOS 的制造技术和一般计算机芯片的制造技术没有什么差别，主要是利用硅和锗这两种元素所做成的半导体，使其在 CMOS 上共存着带 N（带 - 电）和 P（带 + 电）极的半导体，这两个互补效应所产生的电流即可被处理芯片纪录和解读成影像。

　　尽管 CCD 在影像品质等各方面优于 CMOS，但不可否认的是 CMOS 具有低成本、低耗电以及高整合度的特性。由于数码影像产品的需求十分旺盛，CMOS 的低成本和稳定供货品质使之成为相关厂商的心头肉，也因此愿意投入巨大的人力、物力和财力去改善 CMOS 的品质特性与制造技术，使得 CMOS 与 CCD 两者的差异在日益缩小[68]。

3.2　测距传感器

3.2.1　测距传感器的分类

　　顾名思义，测距传感器就是能够测量距离的传感器。常见的测距传感器有超声波测距传感器、红外线测距传感器和激光测距传感器等。

1. 超声波测距传感器

　　超声波测距传感器（见图 3-3）是机器人经常采用的传感器之一，用来检测机器人前方或周围有无障碍物，并测量机器人与障碍物之间的距离[69]。超声波测距的原理犹如蝙蝠声波测物一样，蝙蝠的嘴里可以发出超声波，超声波向前方传播，当超声波遇到昆虫或障碍物时会发生反射，蝙蝠的耳朵能够接收反射回波，从而判断昆虫或障碍物的位置和距离并予以捕杀或躲避。超声波传感器的工作方式与蝙蝠类似，通过发送器发射超声波，当超声波被物体反射后传到接收器，通过接收反射波来判断是否检测到物体。

图 3-3　超声波测距传感器

　　超声波是一种在空气中传播的超过人类听觉频率极限的声波[70]。人的听觉所能感觉的声音频率范围因人而异，一般在 20 Hz ~ 20 kHz 之间。超声波的传播速度 v 可以用式（3-1）表示：

$$v = 331.5 + 0.6T \quad (\text{m/s}) \tag{3-1}$$

式中，$T(℃)$ 为环境温度，在 23℃ 的常温下超声波的传播速度为 345.3 m/s。超声波传感器一般就是利用这样的声波来检测物体的。

2. 红外线测距传感器

　　红外线测距传感器（见图 3-4）是一种以红外线为工作介质的测量系统，具有可远距离测量（在无发光板和反射率低的情况下）、有同步输入端（可多个传感器同步测量）、测量范围广、响应时间短、外形紧凑、安装简易、便于操作等优点，在现代科技、国防和工农业生产等领域中获得了广泛应用[71]。

3. 激光测距传感器

激光具有方向性强、单色性好、亮度高等许多优点，在检测领域应用十分广泛（如激光测距传感器，见图 3 - 5）[72]。1965 年，苏联的科学家们利用激光测量地球和月球之间的距离（38 4401 km），误差只有 250 m。1969 年，美国宇航员登月后安置反射镜于月面，也用激光测量地月之间的距离，误差只有 15 cm。

图 3 - 4　红外线测距传感器

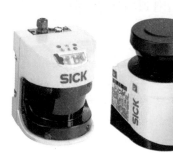

图 3 - 5　激光测距传感器

3.2.2　测距传感器的工作原理

1. 超声波测距传感器的工作原理

超声波传感器测距是通过超声波发射器向某一方向发射超声波，并在发射超声波的同时开始计时，超声波在空气中传播时碰到障碍物就立即反射回来，超声波接收器收到反射波后就立即停止计时[73]。已知超声波在空气中的传播速度为 v，根据计时器记录的发射声波和接收回波的时间差 Δt，就可以计算出超声波发射点距障碍物的距离 S，即[74]：

$$S = v \cdot \Delta t / 2 \qquad (3 - 2)$$

上述测距方法即是所谓的时间差测距法。

需要指出的是，由于超声波也是一种声波，其声速 c 与环境温度有关。在使用超声波传感器测距时，如果环境温度变化不大，则可认为声速是基本不变的[75]。常温下超声波的传播速度是 334 m/s，但其传播速度 v 易受空气中温度、湿度、压强等因素的影响，其中受温度的影响较大。如环境温度每升高 1℃，声速增加约 0.6 m/s。如果测距精度要求很高，则应通过温度补偿的方法加以校正。

在许多应用场合，采用小角度、小盲区的超声波测距传感器具有测量准确、无接触、防水、防腐蚀、低成本等优点。有时还可根据需要采用超声波传感器阵列来进行测量，可提高测量精度、扩大测量范围[76]。图 3 - 6 所示为超声波传感器阵列，图 3 - 7 所示为搭载了超声波测距阵列的电动小车。

图 3 - 6　超声波传感器阵列　　　图 3 - 7　搭载了超声波传感器的电动小车

2. 红外线测距传感器的工作原理

红外线测距传感器利用红外信号遇到障碍物距离的不同其反射的强度也不同的原理，进行障碍物远近的检测[77]。红外线测距传感器具有一对红外信号发射与接收的二极管，发射管发射特定频率的红外信号，接收管接收这种特定频率的红外信号，当红外信号在检测方向遇到障碍物时，会产生反射，反射回来的红外信号被接收管接收，经过处理之后，通过数字传感器接口返回到机器人主机，机器人即可利用红外的返回信号来识别周围环境的变化。需要说明的是，机器人在这里利用了红外线传播时不会扩散的原理，由于红外线在穿越其他物质时折射率很小，所以长距离测量用的测距仪都会考虑红外线测距方式。红外线的传播是需要时间的，当红外线从测距仪发出一段时间碰到反射物经过反射回来被接收管收到，人们根据红外线从发出到被接收到的时间差（Δt）和红外线的传播速度（c）就可以算出测距仪与障碍物之间的距离[78]。简言之，红外线的工作原理就是利用高频调制的红外线在待测距离上往返产生的相位移推算出光渡度越时间 Δt，从而根据 $D = (c \times \Delta t)/2$ 得到距离 D。图 3 - 4 所示红外线测距传感器的型号为 GP2Y0A21YK0F，该传感器是由位置敏感探测集成单元（PSD）、红外发光二极管（IRED）和信号处理电路组成，工作原理如图 3 - 8 所示，其测距功能是基于三角测量原理实现的（见图 3 - 9）[79]。

由图 3 - 9 可知，红外线发射器按照一定的角度发射红外光束，当遇到物体以后，这束光会反射回来，反射回来的红外光束被 CCD 检测器检测到以后，会获得一个偏移值 L[80]。在知道了发射角度 a、偏移值 L、中心距 X，以及滤镜的焦距 f 以后，传感器到物体的距离 D 就可以利用三角几何关系计算出来了。

可以看到，当距离 D 很小时，L 值会相当大，可能会超过 CCD 的探测范

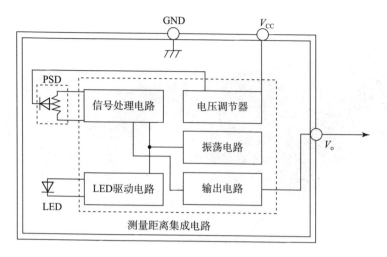

图3-8 红外线传感器工作原理图

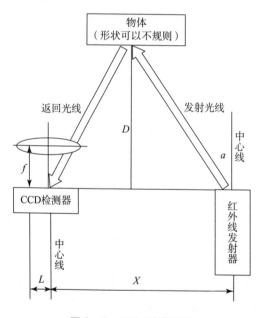

图3-9 三角测量原理

围。这时虽然物体很近，但传感器反而看不到了。而当距离 D 很大时，L 值就会非常小。这时 CCD 检测器能否分辨得出这个很小的 L 值也难以肯定。换言之，CCD 的分辨率决定能不能获得足够精确的 L 值。要检测越远的物体，CCD 的分辨率要求就越高。由于采用的是三角测量法，物体的反射率、环境温度和操作持续时间等因素反而不太容易影响距离的检测精度。

　　红外线测距传感器可以用于测量距离、实现避障、进行定位等作业，广泛应用于移动机器人和智能小车等运动平台上。图 3 - 10 所示为一款装置了红外线测距传感器和超声波测距传感器的智能小车。

图 3 - 10　装置了红外线测距传感器和
超声波测距传感器的智能小车

3. 激光测距传感器的工作原理

　　激光测距传感器工作时，先由激光发射器对准目标发射激光脉冲，经目标反射后激光向各方向散射，部分散射光返回到激光接收器，被光学系统接收后成像到雪崩光电二极管上[81]。雪崩光电二极管是一种内部具有放大功能的光学传感器，因此它能检测到极其微弱的光信号。记录并处理从激光脉冲发出到返回被接收所经历的时间，即可测定目标的距离[82]。需要说明的是，激光测距传感器必须极其精确地测定传输时间，因为光速太快，微小的时间误差也会导致极大的测距误差。该传感器的工作原理如图 3 - 11 所示。

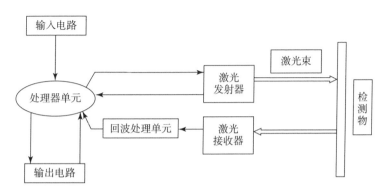

图 3 - 11　激光测距传感器的工作原理

3.2.3 超声波传感器的使用

以 HC05 超声波传感器为例，这是一款利用超声波测量距离的传感器，多应用于机器人避开障碍物和距离测量[83]。其模块采用 Trig 触发测距，会发出 8 个 40 kHz 的方波，自动检测是否有信号返回，通过 Echo 输出高电平，高电平持续的时间就是声波走过那段距离的时间的 2 倍[84]。

$$测量距离 = (高电平时间 \times 声速)/2$$

主要技术参数如下：

（1）使用电压：DC 5 V；

（2）静态电流：小于 2 mA；

（3）电平输出：高 5 V；

（4）电平输出：低 0 V；

（5）感应角度：不大于 15°；

（6）探测距离：2～450 cm；

（7）最高精度：可达 0.2 cm。

以 Arduino 为例，其编程代码如下：

```
#define Trig 2                              //引脚 Trig 连接 IO D2
#define Echo 3                              //引脚 Echo 连接 IO D3
float cm;                                   //距离变量
float temp;                                 //
void setup(){
Serial.begin(9600);
pinMode(Trig,OUTPUT);
pinMode(Echo,INPUT);
}
void loop(){
//给 Trig 发送一个低高低的短时间脉冲,触发测距
digitalWrite(Trig,LOW);                     //给 Trig 发送一个低电平
delayMicroseconds(2);                       //等待 2 μs
digitalWrite(Trig,HIGH);                    //给 Trig 发送一个高电平
delayMicroseconds(10);                      //等待 10 μs
digitalWrite(Trig,LOW);                     //给 Trig 发送一个低电平
temp=float(pulseIn(Echo,HIGH));             //存储回波等待时间,
//pulseIn 函数会等待引脚变为 HIGH 开始计算时间,再等待变为 LOW
```

并停止计时

```
//返回脉冲的长度
//声速是:340m/1s 换算成 34000 cm/1000000 μs = 34/1000 cm/μs
//因为发送到接收,实际是相同距离走了 2 回,所以要除以 2
//距离(cm) = (回波时间×(34/1000))/2
//简化后的计算公式为(回波时间×17)/1000
cm = (temp×17)/1000;//把回波时间换算成 cm
Serial.print("Echo = ");
Serial.print(temp);//串口输出等待时间的原始数据
Serial.print("  ||Distance = ");
Serial.print(cm);//串口输出距离换算成 cm 的结果
Serial.println("cm");
delay(100);
}
```

3.2.4 人体热释电传感器的使用

以 HC – SR501 传感器为例,对人体热释电传感器进行介绍[85]。HC – SR501 是一款基于热释电效应的人体热释运动传感器,能检测到人体或者动物上发出的红外线。该传感器模块可以通过两个旋钮调节检测 3～7 m 的范围、5 s～5 min 的延迟时间,还可以通过跳线来选择单次触发以及重复触发模式[86]。

HC – SR501 针脚以及控制和调节 HC – SR501 针脚的细节如表 3 – 1 所示。

表 3 – 1 HC – SR501 针脚说明

针脚以及控制	功能
时间延迟调节	用于调节在检测到移动后,维持高电平输出的时间长短,可以调节范围 5 s～5 min
感应距离调节	用于调节检测范围,可调节范围 3～7 m
检测模式条件	可选择单次检测模式和连续检测模式
GND	接地针脚
VCC	接电源针脚
输出针脚	没有检测到移动为低电平,检测到移动输出高电平

时间延迟、距离调节方法如下：

1. 时间延迟调节

将菲涅尔透镜朝上，左边旋钮调节时间延迟，顺时针方向旋转可增加延迟时间，逆时针方向旋转可减少延迟时间。

2. 距离调节

将菲涅尔透镜朝上，右边旋钮调节感应距离长短，顺时针方向旋转可减少距离，逆时针方向旋转可增加距离。

3. 单次检测模式

传感器检测到移动，输出高电平后，延迟时间段一结束，输出自动从高电平变成低电平。

4. 连续检测模式

传感器检测到移动，输出高电平后，如果人体继续在检测范围内移动，传感器一直保持高电平，直到人离开后才将高电平变为低电平。

两种检测模式的区别就在检测移动触发后，人体若继续移动，是否持续输出高电平。接下来我们进行 HC – SR501 简单功能实验，学会使用 HC – SR501 传感器。

首先需要备齐表 3 – 2 所示原件：

表 3 – 2 HC – SR501 简单功能实验所需器件一览表

名称	数量
Arduino UNO	1
HC – SR501	1
导线	若干

然后，将 Arduino 与传感器按图 3 – 12 进行连接。接下来，将以下程序编译上传到 Arduino 上。

```
int ledPin =13;
int pirPin =7;
int pirValue;
int sec =0;
void setup()
{
    pinMode(ledPin,OUTPUT);
    pinMode(pirPin,INPUT);
     digitalWrite(ledPin,LOW);
```

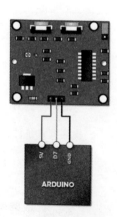

图 3 – 12 人体热释
电传感器

```
        Serial.begin(9600);
}
void loop()
{
        pirValue = digitalRead(pirPin);
        digitalWrite(ledPin,pirValue);
        //以下注释可以观察传感器输出状态
        //sec + =1;
        //Serial.print("Second:");
        //Serial.print(sec);
        //Serial.print("PIR value:");
        //Serial.print(pirValue);
        //Serial.print('\n');
        //delay(1000);
}
```

完成以上步骤后，将 Arduino 通电，如果一切正常的话，那么在传感器向前移动时，Arduino 上的 LED 灯会亮，然后可以通过更改跳线接法体验不同检测模式的区别。

3.3 触觉传感器

3.3.1 触觉传感器的分类

触觉是人或某些生物与外界环境直接接触时的重要感觉功能，而触觉传感器（见图 3 – 13）就是用于模仿人或某些生物触觉功能的一种传感器[87]。研制高性能、高灵敏度、满足使用要求的触觉传感器是机器人发展中的关键技术之一。随着微电子技术的发展和各种新材料、新工艺的不断出现与广泛应用，人们已经提出了多种多样的触觉传感器研制方案，展现了触觉传感器发展的美好前景。但目前这些方案大都还处于实验室样品试制阶段，达到产品化、市场化要求的不多，因而人们还需加快触觉传感器研制的步伐。

触觉传感器按功能大致可分为接触觉传感器、力 – 力矩觉传感器、压觉传感器和滑觉传感器等。

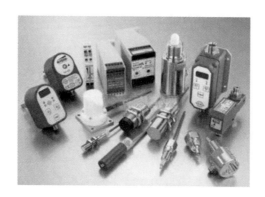

图 3 - 13　触觉传感器实物图

3.3.2　触觉传感器的工作原理

1. 接触觉传感器

接触觉传感器是一种用以判断机器人（主要指机器人四肢）是否接触到外界物体或测量被接触物体特征的传感器，主要有微动开关、导电橡胶、含碳海绵、碳素纤维、气动复位式装置等类型，下面分别予以介绍[88]。

（1）微动开关式接触觉传感器。

该类型传感器（见图 3 - 14）主要由弹簧和触头构成。触头接触外界物体后离开基板，使得信号通路断开，从而测到与外界物体的接触[89]。这种常闭式（未接触时一直接通）的微动开关其优点是结构简单、使用方便，缺点是易产生机械振荡和触头易发生氧化。

（2）导电橡胶式接触觉传感器。

该类型传感器（见图 3 - 15）以导电橡胶为敏感元件。当触头接触外界物体受压后，压迫导电橡胶，使其电阻发生改变，从而使流经导电橡胶的电流发生变化[90]。这种传感器的优点是具有柔性，缺点是由于导电橡胶的材料配方存在差异，出现的漂移和滞后特性往往并不一致。

图 3 - 14　微动开关式接触觉传感器

图 3 - 15　导电橡胶式接触觉传感器

（3）含碳海绵式接触觉传感器。

该类型传感器（见图 3 - 16）在基板上装有海绵构成的弹性体，在海绵中按阵列布以含碳海绵[91]。当其接触物体受压后，含碳海绵的电阻减小，使流经含碳海绵的电流发生变化，测量该电流的大小，便可确定受压程度。这种传感器也可用作压觉传感器。优点是结构简单、弹性良好、使用方便。缺点是碳素分布的均匀性直接影响测量结果和受压后的恢复能力较差。

（4）碳素纤维式接触觉传感器。

该类型传感器以碳素纤维为上表层，下表层为基板，中间装以氨基甲酸酯和金属电极。接触外界物体时，碳素纤维受压与电极接触导电，于是可以判定发生接触。该传感器的优点是柔性好，可装于机械手臂曲面处，使用方便。缺点是滞后较大。

（5）气动复位式接触觉传感器。

该类型传感器（见图 3 - 17）具有柔性绝缘表面，受压时变形，脱离接触时则由压缩空气作为复位的动力。与外界物体接触时其内部的弹性圆泡（铍铜箔）与下部触点接触而导电，由此判定发生接触。该传感器的优点是柔性好、可靠性高。缺点是需要压缩空气源，使用时稍嫌复杂。

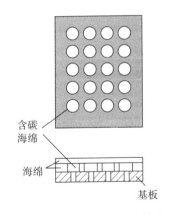

图 3 - 16　含碳海绵式接触觉
传感器的基本结构

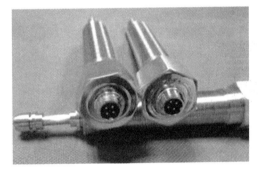

图 3 - 17　气动复位式接触觉传感器

2. 力 - 力矩觉传感器

力 - 力矩觉传感器是用于测量机器人自身或与外界相互作用而产生的力或力矩的传感器[92]。它通常装在机器人各关节处。众所周知，在笛卡儿坐标系中，刚体在空间的运动可用表示刚体质心位置的三个直角坐标和分别绕三个直角坐标轴旋转的角度坐标来描述。人们可以用一些不同结构的弹性敏感元件来感受机器人关节在 6 个自由度上所受的力或力矩，再由粘贴其上的应变片（见半导体应变计、电阻应变计）将力或力矩的各个分量转换为相应的电信号。常用的弹性敏感元件其结构形式有十字交叉式、三根竖立弹性梁式和八根弹性梁横竖混合式等等。图 3-18 所示为三根竖立弹性梁 6 自由度力觉传感器的结构简图。由图可见，在三根竖立梁的内侧均粘贴着张力测量应变片，在外侧则都粘贴着剪切力测量应变片，这些测量应变片能够准确测量出对应的张力和剪切力变化情况，从而构成 6 个自由度上的力和力矩分量输出。

3. 压觉传感器

压觉传感器是测量机器人在接触外界物体时所受压力和压力分布的传感器。它有助于机器人对接触对象的几何形状和材质硬度进行识别。压觉传感器的敏感元件可由各类压敏材料制成，常用的有压敏导电橡胶、由碳纤维烧结而成的丝状碳素纤维片和绳状导电橡胶的排列面等。图 3-19 显示的是一种以压敏导电橡胶为基本材料所构成的压觉传感器。由图可见，在导电橡胶上面附有柔性保护层，下部装有玻璃纤维保护环和金属电极。在外部压力作用下，导电橡胶的电阻发生变化，使基底电极电流产生相应变化，从而检测出与压力成一定关系的电信号及压力分布情况。通过改变导电橡胶的渗入成分可控制电阻的大小。例如渗入石墨可加大导电橡胶的电阻，而渗碳或渗镍则可减小导电橡胶的电阻。通过合理选材和精密加工，即可制成高密度分布式压觉传感器。这种传感器可以测量细微的压力分布及其变化，堪称优良的"人工皮肤"。

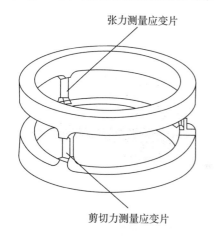

图 3-18　竖梁式 6 自由度力觉
传感器结构图

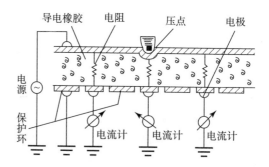

图 3-19　高密度分布式压觉
传感器工作原理图

4. 滑觉传感器

滑觉传感器可用于判断和测量机器人抓握或搬运物体时物体产生的滑移现象。它实际上是一种位移传感器。按有无滑动方向检测功能，该传感器可分为无方向性、单方向性和全方向性三类，下面予以分别介绍。

（1）无方向性滑觉传感器。

该类型传感器主要为探针耳机式，主要由蓝宝石探针、金属缓冲器、压电罗谢尔盐晶体和橡胶缓冲器组成[93]。当滑动产生时探针产生振动，由罗谢尔盐晶体将其转换为相应的电信号。缓冲器的作用是减小噪声的干扰。

（2）单方向性滑觉传感器。

该类型传感器主要为滚筒光电式。工作时，被抓物体的滑移会使滚筒转动，导致光敏二极管接收到透过码盘（装在滚筒的圆面上）射入的光信号，通过滚筒的转角信号（对应着射入的光信号）而测出物体的滑动。

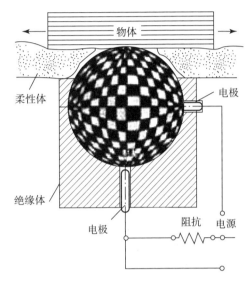

图 3-20 球式滑觉传感器工作原理

（3）全方向性滑觉传感器。

该类型传感器采用了表面包有绝缘材料并构成经纬分布的导电与不导电区的金属球（见图 3-20）。

当传感器接触物体并产生滑动时，这个金属球就会发生转动，使球面上的导电与不导电区交替接触电极，从而产生通断信号，通过对通断信号的计数和判断即可测出滑移的大小和方向。

3.4 姿态传感器

3.4.1 姿态传感器的分类

姿态传感器（见图 3-21）在机器人的传感探测系统中经常会占有一席之地，它是机器人实现对自身姿态进行精确控制而必不可少的器件之一，地位不可小觑。目前，机器人技术领域使用的姿态传感器是一种基于 MEMS（微机电系统）技术的高性能三维运动姿态测量系统。它包含三轴陀螺仪、三轴加速度计、三轴电子罗盘等运动传感器，通过内嵌的低功耗 ARM 处理器得到经过温度补偿的三维姿态与方位等数据[94]。利用基于四元数的三维算法和特殊的数据融合技术，实时输出以四元数、欧拉角表示的零漂移三维姿态方位数据。姿态传感器可广泛嵌入到航模、无人机、机器人、机械云台、车辆船舶、地面及水下设备、虚拟现实装备，以及人体运动分析等需要自主测量三维姿态与方位的产品或设备中[95]。

图 3 – 21　姿态传感器实物图

3.4.2　姿态传感器的工作原理

要了解姿态传感器的工作原理，就应当先了解陀螺仪、加速度计等的结构特性与工作原理。

1. 三轴陀螺仪

在一定的初始条件和一定的外力矩作用下，陀螺会不停自转，同时，环绕着另一个固定的转轴不停地旋转，这就是陀螺的旋进，又称为回转效应[96]。陀螺旋进是日常生活中司空见惯的现象，人们耳熟能详的陀螺就是例子。人们利用陀螺的力学性质所制成的各种功能的陀螺装置称为陀螺仪（Gyroscope），它在国民经济建设各个领域都有着广泛的应用。

陀螺仪（见图 3 – 22）是用高速回转体的动量矩来感受壳体相对惯性空间绕正交于自转轴的一个或两个轴的角运动检测装置[97]。利用其他原理制成的能起同样功能作用的角运动检测装置也称为陀螺仪。三轴陀螺仪可同时测定物体在 6 个方向上的位置、移动轨迹和加速度，单轴陀螺仪只能测量两个方向的量[98]。也就是说，一个 6 自由度系统的测量需要用到 3 个单轴陀螺仪，而一个三轴陀螺仪就能替代 3 个单轴陀螺仪。三轴陀螺仪的体积小、重量轻、结构简单、可靠性好，在许多应用场合都能见到它的身影。

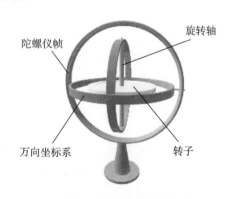

图 3 –22　三轴陀螺仪

2. 三轴加速度计

加速度传感器是一种能够测量加速力的电子设备。加速力就是物体在加速过程中作用在物体上的力，好比地球的引力[99]。加速力可以是常量，也可以是变量。加速度计有两种：一种是角加速度计，是由陀螺仪（角速度传感器）改进的；另一种是线加速度计。加速度计种类繁多，其中有一种是三轴加速度计（见图 3 - 23），它同样是基于加速力的基本原理实现测量工作的。

学过物理的同学都知道，加速度是个空间矢量，了解物体运动时的加速度情况对控制物体的精确运动十分重要。但要准确了解物体的运动状态，就必须测得其在 3 个坐标轴上的加速度分量。另一方面，在预先不知道物体运动

图 3 - 23 三轴加速度计

方向的情况下，只有应用三轴加速度计来检测加速度信号，才有可能帮助人们破解物体如何运动之谜[100]。通过测量由重力引起的加速度，人们可以计算出所用设备相对于水平面的倾斜角度；通过分析动态加速度，人们可以分析出所用设备移动的方式。加速度计可以帮助机器人了解它身处的环境和实时的状态，是在爬山？还是在下坡？摔倒了没有？对于飞行机器人来说，加速度计在改善其飞行姿态的控制效果方面也极为重要。

目前的三轴加速度计大多采用压阻式、压电式和电容式工作原理，产生的加速度正比于电阻、电压和电容的变化，通过相应的放大和滤波电路进行采集[101]。这和普通的加速度计是基于同样的工作原理，所以经过一定的技术加工，3 个单轴加速度计就可以集成为 1 个三轴加速度计。

两轴加速度计已能满足多数应用设备的需求，但有些方面的应用还离不开三轴加速度计，例如在移动机器人和飞行机器人的姿态控制中，三轴加速度计能够起到不可或缺的作用，这是单轴或两轴加速度计所望尘莫及的。

3. MPU6050

MPU6050 是美国 INVENSENCE 公司推出的一款组合有多种测量功能的传感器，具有低成本、低能耗和高性能的特点[102]。该传感器首次集成了三轴陀螺仪和三轴加速度计，拥有数字运动处理单元（DMP），可直接融合陀螺仪和加速度计采集的数据。其集成的陀螺仪最大能检测 ±2000°/s，其集成的加速度计最大能检测 ±16g，最大能承受 10 000g 的外部冲击。MPU6050 采用 IIC 协议与主控芯片 STM32 进行通信，工作效率很高，如图 3 - 24 所示。

图 3 - 24 MPU6050
的电路图

3.5　温度传感器

3.5.1　温度传感器的分类

温度传感器（temperature transducer）是指能感受温度并将其转换成可用输出信号的传感器[103]。温度传感器是温度测量仪表的核心部分，品种繁多，功能强大。按测量方式可分为接触式和非接触式两类，而按照传感器材料及电子元件特性则可分为热电阻和热电偶两类。

1. 接触式温度传感器

接触式温度传感器的检测部分与被测对象需要有良好的接触，又称温度计[104]。温度计通过传导或对流达到热平衡，从而使温度计的示值能直接表示被测对象的温度。参见图 3 - 25。

目前常用的温度传感器一般测量精度较高。在一定的测温范围内，它也可测量物体内部的温度分布[105]。但对于运动物体、小目标或热容量很小的对象则会产生较大的测量误差。常用的温度计有双金属温度计、玻璃液体温度计、压力式温度计、电阻温度计、热敏电阻和温差电偶等。它们广泛应用于工业、农业、商业等部门。在日常生活中人们也常常使用这些温度计。随着低温技术在国防工程、空间技术、冶金、电子、食品、医药和石油化工等部门的广泛应用和超导技术的研究，测量 120 K 以下温度的低温温度计得到了长足发展，如低温气体温度计、蒸汽压温度计、声学温度计、顺磁盐温度计、量子温度计、低温热电阻和低温温差电偶等[106]。低温温度计要求感温元件体积小、准确度高、复现性和稳定性好。利用多孔高硅氧玻璃渗碳烧结而成的渗碳玻璃热电阻就是低温温度计的一种感温元件，可用于测量 1.6~300 K 范围内的温度。

2. 非接触式温度传感器

非接触式温度传感器的敏感元件与被测对象互不接触，又称其为非接触式测温仪表。这种仪表可用来测量运动物体、小目标和热容量小或温度变化迅速（瞬变）对象的表面温度，也可用于测量温度场的温度分布。

最常用的非接触式测温仪表基于黑体辐射的基本定律，称为辐射测温仪表（见图 3 - 26）。辐射测温法包括亮度法、辐射法和比色法。各类辐射测温方法只能测出对应的光度温度、辐射温度或比色温度[107]。只有对黑体（吸收全部辐射并不反射光的物体）所测温度才是真实温度。如欲测定物体的真实温度，则必须进行材料表面发射率的修正。而材料表面发射率不仅取决于温度和波长，而且还与表面状态、涂膜和微观组织等有关，因此很难精确测量[108]。在自动化生产中往往需要利用辐射测温法来测量或控制某些物体的表面温度，如冶金中的钢带轧制温度、轧辊温度、锻件温度和各种熔融金属在冶炼炉或坩埚中的温度。在这些具体情况下，物体表面发射率的测量是相当困难的。对于固体表面温度自动测量和控制，可以采用附加的反射镜使与被测表面一起组成黑体空腔。附加辐射的影响能提高被测表面的有效辐射和有效发射系数。利用有效发射系数通过仪表对实测温度进行相应的修正，最终可得到被测表面的真实温度。最为典型的附加反射镜是半球反射镜。球中心附近被测表面的漫射辐射能受半球镜反射回到表面而形成附加辐射，从而提高有效发射系数。

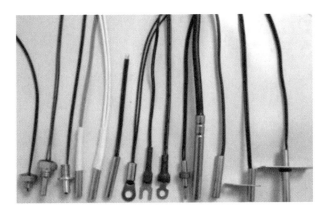

图 3-25　接触式温度传感器　　　　图 3-26　非接触式温度传感器
　　　　　　　　　　　　　　　　　　　　　　（辐射测量仪表）

　　至于气体和液体介质真实温度的辐射测量，则可以用插入耐热材料管至一定深度以形成黑体空腔的方法。通过计算求出与介质达到热平衡后的圆筒空腔的有效发射系数。在自动测量和控制中就可以用此值对所测腔底温度（即介质温度）进行修正而得到介质的真实温度。

　　相比而言，非接触测温的优点在于测量上限不受感温元件耐温程度的限制，因而对最高可测温度原则上没有限制。对于 1 800℃ 以上的高温，主要采用非接触测温方法。随着红外技术的发展，辐射测温逐渐由可见光向红外线扩展，700℃ 以下直至常温都已采用，且分辨率很高。

3.5.2　温度传感器的工作原理

1. 基于金属膨胀原理设计的传感器

　　金属在环境温度变化后会产生一个相应的延伸，因此传感器可以采用不同方式对这种反应进行信号转换。

　　（1）双金属片式传感器。

双金属片由两片不同膨胀系数的金属贴在一起而组成，随着温度变化，材料 A 比另外一种金属 B 的膨胀程度要高，引起金属片弯曲。弯曲的曲率可以转换成一个输出信号。其工作原理如图 3 – 27 所示[109]。

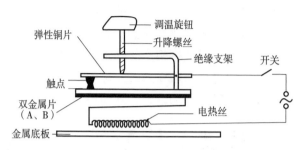

图 3 – 27　双金属片式传感器工作原理示意图

（2）双金属杆和金属管传感器。

随着温度升高，金属管（材料 A）长度增加，而不膨胀钢杆（金属 B）的长度并不增加，这样由于位置的改变，金属管的线性膨胀就可以进行传递。反过来，这种线性膨胀可以转换成一个输出信号。

2. 基于液体和气体的变形曲线设计的传感器

在温度变化时，液体和气体同样会相应产生体积的变化。目前，已有多种类型的结构可以把这种膨胀的变化转换成位置的变化，这样产生位置的变化输出（电位计、感应偏差、挡流板等）。

3. 基于电阻值变化的温度传感器

金属随着温度变化，其电阻值也会发生变化。对于不同金属来说，温度每变化一度，其电阻值的变化也是不同的，而电阻值又可以直接作为输出信号。

电阻共有两种变化类型：

（1）正温度系数。

温度升高 = 阻值增加；

温度降低 = 阻值减少。

（2）负温度系数。

温度升高 = 阻值减少；

温度降低 = 阻值增加。

4. 基于热电偶的温度传感器

热电偶由两个不同材料的金属线组成，在末端焊接在一起。再测出不加热部位的环境温度，就可以准确知道加热点的温度。由于它必须有两种不同材质的导体，所以称之为热电偶。不同材质做出的热电偶使用于不同的温度范围，它们的灵敏度也各不相同。热电偶的灵敏度是指加热点温度变化1℃时，输出电位差的变化量。对于大多数金属材料支撑的热电偶而言，这个数值在 5 ~ 40 μV/℃之间。

　　由于热电偶温度传感器的灵敏度与材料的粗细无关，用非常细的材料也能够做成温度传感器。同时由于制作热电偶的金属材料具有很好的延展性，这种细微的测温元件有极高的响应速度，可以测量温度快速变化的过程。

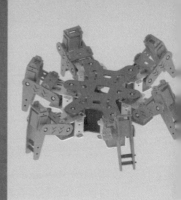

第4章
快把我制作出来吧

4.1 组装机器人必备的工具

    工具意指人们工作时所需用的器具。"工欲善其事，必先利其器"，好的工具能够帮助人们更好地开展工作，提高工作效率，改善工作品质，所以人们在开展各种活动时都会选择合适的工具。其实，除了人类善于使用各类工具以外，自然界中动物使用工具的例子也比比皆是，如秃鹫常会利用一块石头把厚厚的鸵鸟蛋壳砸碎，以便能够吃到里面的美味；加拉帕戈斯群岛的啄木雀能使用一根小棍或仙人掌刺把藏在树皮下或树洞里的昆虫取出来饱餐一顿；缝叶莺能把长在树上的一片大树叶折叠起来，再用植物纤维把叶的边缘缝合在一起，建成一个舒适的鸟巢；射水鱼看到停落在水面植物上的昆虫时，便会准确地射出一股强大的水流，把昆虫击落在水面并将其吞食。哺乳动物使用工具的一个著名事例是海獭利用石块砸碎软体动物的贝壳；黑猩猩既会用棍挖取地下可食的植物和白蚁，也会用木棍撬开纸箱拿取香蕉，还会把几只箱子叠在一起拿取悬挂在天花板上的食物。动物们使用工具的本领既有先天的本能因素，又有后天的学习因素，但在大多数情况下是通过学习而获得的。

既然动物们都能通过学习逐步掌握使用工具的本领，那么作为"万物之灵"的人类来说，在制作仿蛛机器人时更要使用好相关的工具。

4.1.1 五金工具

在形形色色、五花八门的工具中，五金工具是一个大类，图 4 - 1 展示了其中的一小部分。所谓五金工具是指铁、钢、铝、铜等金属经过锻造、压延、切割等物理加工制造而成的各种金属工具的总称[110]。五金工具按照产品的用途来划分，可以分为工具五金、建筑五金、日用五金、锁具磨具、厨卫五金、家居五金以及五金零部件等几类。

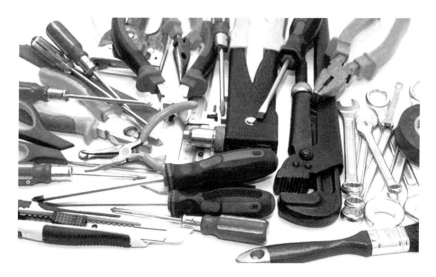

图 4 - 1　常见的五金工具

五金工具中通常包括各种手动、电动、气动切割工具，汽保工具，农用工具，起重工具，测量工具，工具机械，切削工具，工夹具，刀具，模具，刃具，砂轮，钻头，抛光机，工具配件，量具刃具和磨具磨料等。在小型仿人机器人的制作过程中，常用的五金工具有尖嘴钳、螺丝刀、电烙铁、美工刀等为数不多的几种，具体可见图 4 - 2 ~ 图 4 - 5。在全球销售的五金工具中，绝大部分是我国生产并出口的，中国已经成为世界主要的五金工具供应国。

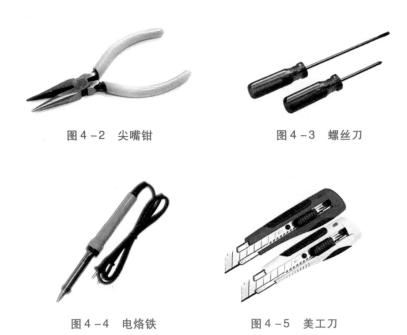

图4-2 尖嘴钳　　　　　　　图4-3 螺丝刀

图4-4 电烙铁　　　　　　　图4-5 美工刀

在使用这些工具时一定要讲究方式方法，更要注意安全，防止造成伤害。

4.1.2 切割设备

在制作仿蛛机器人时，需要将三维实体造型设计的结果采用 SOLIDWORKS 中的相应功能模块生成二维切割图形，并按这些图形将所设计的零件一个个切割出来。除了人工手动切割以外，常用的切割设备为激光切割机（见图4-6）。激光切割机是将从激光器发射出的激光，经光路系统聚焦成高功率密度的激光束，当激光束照射到被切割材料表面，使激光所照射的材料局部达到熔点或沸点，同时与光束同轴的高压气体将熔化或气化的材料碎末吹走[111]。随着光束与被切割材料相对位置的移动，最终使材料形成连续的切缝，从而达到切割图形的目的。

激光切割机采用激光束代替传统的切割刀具进行材料的切割加工，具有精度高、切割快、切口平滑、不受切割形状限制等优点，同时，它还能够自动排版，优化切割方案，达到节省材料、降低加工成本等目的，将逐渐改进或取代传统的金属切割工艺设备[112]。

由于制作仿蛛机器人的材料大多选用亚克力板或三合板等非金属板材，所用激光切割设备的功率不需太大，可使用小型激光切割机（见图4-7）。

图 4 – 6 激光切割机加工场景

图 4 – 7 小型激光切割机

该激光切割机在加工时其激光切割头的机械部分与被切割材料不发生接触，工作中不会对材料表面造成划伤，而且切割速度很快，切口非常光滑，一般不需后续加工[113]；另外，由于该设备的功率不是很大，所以切割热影响区小、板材变形小、切缝窄（0.1～0.3 mm）、切口没有机械应力。相比其他切割设备，激光切割机加工材料时无剪切毛刺、加工精度高、重复性好、便于数控编程、可加工任意平面图形、可以对幅面很大的整板进行切割、无须开模具、经济省时，因而在制作小型仿人机器人时是一个很好的帮手。需要提醒的是，激光设备的使用一定要严格按照说明书的要求进行，必须制定相应的安全操作规程，且一丝不苟地加以执行。

1. 激光切割简介

与传统的氧乙炔、等离子等切割工艺相比，激光切割具有速度快、切缝窄、热影响区小、切缝边缘垂直度好、切边光滑等优点，同时可进行激光切割的材料种类很多，包括碳钢、不锈钢、合金钢、木材、塑料、橡胶、布、石英、陶瓷、玻璃、复合材料，等等[114]。随着市场经济的飞速发展和科学技术的日新月异，激光切割技术已广泛应用于汽车、机械、电力、五金以及电器等领域。近年来，激光切割技术正以前所未有的速度发展，每年都有 15%～20% 的增长。我国自 1985 年以来，更是以每年近 25% 的速度发展。当前，我国激光切割技术的整体水平与先进国家相比还存在一定的差距。激光切割技术在我国具有广阔的发展前景和巨大的应用空间。

激光切割机在切割过程中，光束经切割头的透镜聚焦成一个很小的焦点，使焦点处达到高的功率密度，其中切割头固定在 Z 轴上。这时，光束输入的热量远远超过被材料反射、传导或扩散的部分热量，材料很快被加热到熔化与气化温度。与此同时，一股高速气流从同轴或非同轴侧将熔化及气化了的材料吹出，形成材料切割的孔洞。随着焦点与材料的相对运动，使孔洞形成连续的宽度很窄的切缝，完成材料的切割。

2. 激光切割的工作原理

激光是一种光，与其他自然光一样，是由原子（分子或离子等）跃迁产生的。与普通光不同是激光仅在最初极短的时间内依赖于自发辐射，此后的过程完全由激辐射决定，因此激光具有非常纯正的颜色、几乎无发散的方向性、极高的发光强度和高相干性[115]。

激光切割是应用激光聚焦后产生的高功率密度能量来实现的[116]。在计算机控制下，通过脉冲使激光器放电，从而输出受控的重复高频率的脉冲激光，形成一定频率和一定脉宽的光束，该脉冲激光束经过光路传导及反射并通过聚焦透镜组聚焦在被加工物体的表面上，形成一个个细微的、高能量密度的光斑，光斑位于待加工材料面附近，以瞬间高温熔化或气化被加工材料。每一个高能量的激光脉冲瞬间就把物体表面溅射出一个细小的孔，在计算机控制下，激光加工头与被加工材料按预先绘好的图形进行连续相对运动打点，这样就会把物体加工成想要的形状。

切缝时的工艺参数（切割速度、激光器功率、气体压力等）及运动轨迹均由数控系统控制，割缝处的熔渣被一定压力的辅助气体吹除。

3. 激光切割的主要工艺

（1）气化切割。

在激光气化切割过程中，材料表面温度升至沸点温度的速度是如此之快，足以避免热传导造成的熔化，于是部分材料气化成蒸气消失，部分材料作为喷出物从切缝底部被辅助气流吹走[117]。为了防止材料蒸气冷凝到割缝壁上，材料厚度一定不要超过激光光束的直径[118]。

（2）熔化切割。

在激光熔化切割过程中，工件被局部熔化后借助气流把熔化的材料喷射出去。因为材料的转移只发生在其液态情况下，所以该过程被称作激光熔化切割。

激光光束配上高纯惰性切割气体促使熔化的材料离开割缝，而气体本身并不参与切割。激光熔化切割可以得到比气化切割更高的切割速度。气化所需的能量通常高于把材料熔化所需的能量。在激光熔化切割中，激光光束只被部分吸收。最大切割速度随着激光功率的增加而增加，随着板材厚度的增加和材料熔化温度的增加而几乎呈反比例地减小。

（3）氧化熔化切割（激光火焰切割）。

熔化切割一般使用惰性气体，如果代之以氧气或其他活性气体，材料在激光束的照射下被点燃，与氧气发生激烈的化学反应而产生另一热源，使材料进一步加热，称为氧化熔化切割。

由于此效应，对于相同厚度的结构钢，采用该方法可得到的切割速率比熔化切割要高。另一方面，该方法和熔化切割相比可能切口质量更差。实际上它可能会生成更宽的割缝、明显的粗糙度、更大的热影响区和更差的边缘质量。

（4）控制断裂切割。

对于容易受热破坏的脆性材料，通过激光束加热进行高速、可控的切断，称为控制断裂切割。这种切割的过程是：激光束加热脆性材料小块区域，引起该区域大的热梯度和严重的机械变形，导致材料形成裂缝。只要保持均衡的加热梯度，激光束可引导裂缝在任何需要的方向产生。

4. 激光切割的关键技术

激光切割技术有两种：一是采用脉冲激光进行切割，适用于金属材料；二是采用连续激光进行切割，适用于非金属材料，后者是激光切割技术的重要应用领域。

激光切割机的几项关键技术是光、机、电一体化的综合技术。在激光切割机中激光束的参数、机器与数控系统的性能和精度都直接影响激光切割的效率和质量。特别是对于切割精度较高或厚度较大的零件，必须掌握和解决其中的关键技术。

5. 激光切割的加工质量

切割精度是判断激光切割机质量好坏的第一要素。影响激光切割机切割精度的四大因素如下：

（1）激光发生器激光凝聚光斑的大小。聚集之后如果光斑非常小，则切割精度就会非常高[119]。要是切割之后的缝隙也非常小，则说明激光切割机的精度非常高，切割品质也非常高。

（2）工作台的精度。工作台的精度如果非常高，则切割精度也随之提高[120]。因此工作台的精度也是衡量激光发生器精度的一个非常重要的因素。

（3）激光光束凝聚成锥形，切割时，激光光束是以锥形向下的，这时如果切割的工件的厚度非常大，切割的精度就会降低，则切出来的缝隙就会非常大。

（4）切割的材料不同，也会影响到激光切割机的精度。在同样的情况下，切割不锈钢和切割铝的精度就会非常不同。不锈钢的切割精度会高一些，而且切面也会光滑一些。

一般来说，激光切割质量可以由以下 6 个标准来衡量。

①切割表面粗糙度；

②切口挂渣尺寸；

③切边垂直度和斜度；

④切割边缘圆角尺寸；

⑤条纹后拖量；

⑥平面度。

4.1.3　3D 打印机

3D 打印机（3D Printers，简称 3DP）是恩里科·迪尼（Enrico Dini）设计的一种神奇机器，它不仅可以打印出一幢完整的建筑，甚至可以在航天飞船中给宇航员打印所需任何形状的物品[121]。

3D 打印的思想起源于 19 世纪末的美国，20 世纪 80 年代 3D 打印技术在一些先进国家和地区得以发展和推广，近年来 3D 打印的概念、技术及产品发展势头铺天盖地、普及程度无处不在。故有人称之"19 世纪的思想，20 世纪的技术，21 世纪的市场"[122]。

19 世纪末，美国科学家们研究出了照相雕塑和地貌成型技术，在此基础上，产生了 3D 打印成型的核心思想。但由于当时的技术条件和工艺水平的制约，这一思想转化为商品的步伐始终踯躅不前。20 世纪 80 年代以前，3D 打印设备的数量十分稀少，只有少数"科学怪人"和电子产品"铁杆粉丝"才会拥有这样的"稀罕宝物"，主要用来打印像珠宝、玩具、特殊工具、新奇厨具之类的东西。甚至也有部分汽车"发烧友"打印出了汽车零部件，然后根据塑料模型去订制一些市面上买不到的零部件。

1979 年，美国科学家 Housholder 获得类似"快速成型"技术的专利，但遗憾的是该专利并没有实现商业化。

20 世纪 80 年代初期，3D 打印技术初现端倪，其学名叫做"快速成型"[123]。20 世纪 80 年代后期，美国科学家发明了一种可打印出三维效果的打印机，并将其成功推向市场。自此 3D 打印技术逐渐成熟并被广泛应用。那时，普通打印机只能打印一些平面纸张资料，而这种最新发明的打印机，不仅能打印立体的物品，而且造价有所降低，因而激发了人们关于 3D 打印的丰富想象力。

1995 年，麻省理工学院的一些科学家们创造了"三维打印"一词，Jim Bredt 和 Tim Anderson 修改了喷墨打印机的方案，提出把约束溶剂挤压到粉末床的思路，而不是像常规喷墨打印机那样把墨水挤压在纸张上的做法。

2003 年以后，3D 打印机在全球的销售量逐渐扩大，价格也开始下降。近年来，3D 打印机风靡全球，人们正享受着 3D 打印技术带来的种种便利。

实际上，3D 打印机是一种基于累积制造技术，即快速成型技术的新型打印设备。从本质上来看，它是一种以数字模型文件为基础，运用特殊蜡材、粉末状金属或塑料等可黏合材料，通过打印方式将一层层的可黏合材料进行堆积来制造三维物体的装置。逐层打印、逐步堆积的方式就是其构造物体的核心所在[124]。人们只要把数据和原料放进 3D 打印机中，机器就会按照程序把人们需要的产品通过一层层堆积的方式制造出来。

2016 年 2 月 3 日，中国科学院福建物质结构研究所 3D 打印工程技术研发中心的林文雄课题组在国内首次突破了可连续打印的三维物体快速成型关键技术，并开发出一款超级快速的数字投影 3D 打印机[125]。该 3D 打印机的速度达到了创纪录的 600 mm/s，可以在短短 6 分钟内，从树脂槽中"拉"出一个高度为 60 mm 的三维物体，而同样物体采用传统的立体光固化成型工艺来打印则需要约 10 个小时，速度提高了足足有 100 倍。

1. 3D 打印机的成员

（1）最小的 3D 打印机。

世界上最小的 3D 打印机是奥地利维也纳技术大学的化学研究员和机械工程师们共同研制的（见图 4 - 8）[126]。这款迷你型 3D 打印机只有大装牛奶盒大小，重量为 1.5 kg，造价约合 1.1 万元人民币。相比于其他的 3D 打印机，这款 3D 打印机的成本大大降低。

（2）最大的 3D 打印机。

2014 年 6 月 19 日，由世界 3D 打印技术产业联盟、中国 3D 打印技术产业联盟、亚洲制造业协会、青岛市政府共同主办、青岛高新区承办的"2014 世界 3D 打印技术产业博览会"在青岛国际会展中心开幕。来自美国、德国、英国、比利时、韩国、加拿大和国内的 110 多家 3D 打印企业展示了全球最新的桌面级 3D 打印机和工业级、生物医学级 3D 打印机。而在青岛高新区，一个长宽高各为 12 m 的 3D 打印机（见图 4 - 9）傲然挺立，它能在半年内打印出一座 7 m 高的仿天坛建筑。

图 4 - 8　最小的 3D 打印机

图 4 - 9　最大的 3D 打印机

这台 3D 打印机就像一个巨大的钢铁侠，甚为壮观。该打印机所属的青岛尤尼科技有限责任公司的工作人员说："这是世界上最大的 3D 打印机，光设计、制造和安装，我们就花了好几个月。"这台打印机的体重超过了 120 吨，是利用吊车等安装起来的。当天正式启动后，它就投入紧张的打印工作。"打印天坛至少需要半年左右，需要一层层地往上增加，就跟盖房子似的。"工作人员继续说，这台打印机的打印精度可以控制在毫米以内，对于以厘米计算精度的传统建筑行业来说，这是一个质的飞跃。它采用热熔堆积固化成型法，通俗地讲，就是将挤压成半熔融状态的打印材料层层沉积在基础地板上，从数据资料直接建构出原型。打印该座房屋所用的材料，是玻璃钢，这是一种复合材料，不仅轻巧、坚固耐腐蚀，而且抗老化、防水与绝缘，更为重要的是它在生产使用过程中大大降低了能耗和污染物的排放，这种优势决定了它不仅可以成为新型的建筑材料，还可以在机电、管道、船舶、汽车、航空航天，甚至是太空科学等领域发挥作用。

（3）激光 3D 打印机。

我国大连理工大学参与研发的激光 3D 打印机最大加工尺寸达 1.8 m，其采用"轮廓线扫描"独特技术路线，可以制作大型工业样件及结构复杂的铸造模具[127]。这种基于"轮廓失效"的激光三维打印方法已获得两项国家发明专利。该 3D 打印机只需打印零件每一层的轮廓线，使轮廓线上砂子的覆膜树脂碳化失效，再按照常规方法在 180℃ 加热炉内将打印过的砂子加热固化然后处理剥离，就可以得到原型件或铸模。这种打印方法的加工时间与零件的表面积成正比，大大提升了打印效率，打印速度可达到一般 3D 打印的 5～15 倍。

（4）家用 3D 打印机。

德国发布了一款最高速的纳米级别微型 3D 打印机——Photonic Professional GT[128]。这款 3D 打印机能制作纳米级别的微型结构，以最高的分辨率、极快的打印速度，打印出不超过人类头发直径的三维物体。

（5）彩印 3D 打印机。

2013 年 5 月，一种 3D 打印机新产品"ProJet x60"上市了。ProJet 品牌主要有基于四种造型方法的打印装置。其中有三种均是使用光硬化性树脂进行 3D 打印，包括用激光硬化光硬化性树脂液面的类型、从喷嘴喷出光硬化性树脂后进行光照射硬化的类型（这种类型的造型材料还可以使用蜡）、向薄膜上的光硬化性树脂照射经过掩模的光的类型[129]。其高端机型 ProJet 660Pro 和 ProJet 860Pro 可以使用 CMYK（青色、洋红、黄色、黑色）4 种颜色的黏合剂，而实现 600 万色以上颜色打印的 ProJet 260C 和 ProJet 460Plus 则使用了 CMY 三种颜色的黏合剂。

2. 3D 打印机的技术原理

3D 打印机是一种基于累积制造技术（即快速成型技术）的机器[130]。它以数字模型文件为基础，运用特殊蜡材、粉末状金属或塑料等可黏合材料，通过打印一层层的黏合材料来制造三维物体。

3D 打印机与传统打印机最大的区别在于它使用的"墨水"是实实在在的原材料，堆叠薄层的形式多种多样，可用于打印的介质也多种多样：从繁多的塑料到金属、陶瓷以及橡胶类物质。有些 3D 打印机还能结合不同的介质，使打印出来的物体一头坚硬而另一头柔软。

有些 3D 打印机使用"喷墨"方式进行工作，它们使用打印机喷头将一层极薄的液态塑料物质喷涂在铸模托盘上，该涂层会被置于紫外线下进行固化处理。然后，铸模托盘会下降极小的距离，以供下一层塑料物质堆叠上来。

有些 3D 打印机使用一种叫做"熔积成型"的技术进行实体打印，整个流程是在喷头内熔化塑料，然后通过沉积塑料的方式形成薄层。

有些 3D 打印机使用一种叫做"激光烧结"的技术进行工作，它们以粉末微粒作为打印介质。粉末微粒被喷撒在铸模托盘上形成一层极薄的粉末层，熔铸成指定形状，然后由喷出的液态黏合剂进行固化。

还有些 3D 打印机则是利用真空中的电子流熔化粉末微粒，当遇到包含孔洞及悬臂这样的复杂结构时，介质中就需要加入凝胶剂或其他物质以提供支撑或用来占据空间。这部分粉末不会被熔铸，最后只需用水或气流冲洗掉支撑物便可形成孔隙。

图 4-10 所示为桌面级 3D 打印机，图 4-11 所示为工业级 3D 打印机。

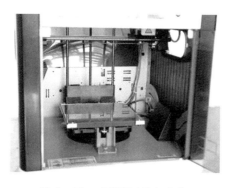

图 4-10　桌面级 3D 打印机

图 4-11　工业级 3D 打印机

3D 打印技术为世界制造业带来了革命性的变化，以前许多部件的设计完全依赖于相应的生产工艺能否实现。3D 打印机的出现颠覆了这一设计思路，使得企业在生产部件时不再过度地考虑生产工艺问题，任何复杂形状的设计均可通过 3D 打印来实现。

3D 打印无须机械加工或模具，能够直接从计算机图形数据中生成任何所需要形状的物体，从而极大地缩短了产品的生产周期，提高了生产率。尽管其技术仍有待完善，但 3D 打印技术市场潜力巨大，势必成为未来制造业的众多核心技术之一。

3. 3D 打印机的工作步骤

（1）3D 软件建模。

首先采用计算机建模软件进行实体建模，如果手头有现成的模型也可以，比如动物模型、人物、微缩建筑，等等。然后通过 SD 卡或者优盘把建好的实体模型拷贝到 3D 打印机中，进行相关的打印设置后，3D 打印机就可以把它们打印出来[131]。

（2）3D 实体设计。

3D 实体设计的过程是：先通过计算机建模软件建模，再将建成的 3D 实体模型"分区"成逐层的截面（即切片），从而指导 3D 打印机逐层打印。

设计软件和 3D 打印机之间交互、协作的标准文档格式是 STL 文件。一个 STL 文件使用三角面来近似模拟物体的表面。三角面越小其生成的表面分辨率就越高。PLY 是一种通过扫描产生的三维文件的扫描器，其生成的 VRML 或者 WRL 文件经常被用作全彩打印的输入文件。

（3）3D 打印过程。

3D 打印机通过读取 STL 文件中的横截面信息，再采用液体状、粉状或片状的材料将这些截面逐层地打印出来，然后将各层截面以各种方式粘合起来，从而制造出一个所设计的实体。

3D 打印机打印出的截面的厚度（即 Z 方向）以及平面方向即 $X-Y$ 方向的分辨率是以 dpi（指每英寸长度上的点数）或者 μm 来计算的。一般的厚度为 $100\ \mu m$，即 $0.1\ mm$，也有部分 3D 打印机如 Objet Connex 系列和 Systems' ProJet 系列可以打印出 $16\mu m$ 薄的一层。在平面方向则可以打印出跟激光打印机相近的分辨率。3D 打印机打印出来的"墨水滴"的直径通常为 $50\sim 100\ \mu m$。用传统方法制造出一个模型通常需要数小时到数天的时间，有时还会因模型的尺寸较大或形状较复杂而使加工时间延长。而采用 3D 打印则可以将时间缩短为数十分钟或数个小时，当然具体时间也要视 3D 打印机的性能水平和模型的尺寸与复杂程度而定。

（4）制作完成。

3D 打印机的分辨率对大多数应用来说已经足够（在弯曲的表面可能会比较粗糙，像图像上的锯齿一样），要获得更高分辨率的物品可以通过如下方法实现：先用当前的 3D 打印机打出稍大一点的物体，再经过细微的表面打磨即可得到表面光滑的"高分辨率"物品。

有些3D打印机可以同时使用多种材料进行打印，有些3D打印机在打印过程中还会用到支撑物，比如在打印一些有倒挂状物体的模型时就需要用到一些易于去除的东西（如可溶的东西）作为支撑物。

（5）故障排除。

①翘边。

为了防止3D打印时出现翘边，首先调节平台下旋钮使平台降至最低，接着在3D打印机的设置中选择平台校准；然后在每次喷头下降到校准点时调节对应平台角的旋钮使平台刚好与喷头接触；照此方法将四个平台角校准一遍，此后进行第二次校准，这时就不需要降低平台，只要对喷头和平台间的距离进行微调使之贴合（如果刚刚好就不要调节），至此就可以进行确认，再将机器重启即可。

②喷头堵塞。

当打印过程中出现喷头堵塞时，可通过操作软件把喷头关闭，再将喷头移离打印中的模型；接着把原料从喷头上扒开，防止进一步堵塞；进而把喷嘴残留的塑料清走；然后开启喷头工作，喷头里面的塑料融化后会自动喷出；此时再重新把塑料耗材插上喷头即可。

③3D打印机不用而搁置时。

a. 平台清理。

找一块不掉毛的绒布，在上面加上一点外用酒精或一些丙酮清洗剂，轻轻擦拭，就可将平台清理干净了。

b. 喷嘴内残料清理。

先预热喷头到220℃左右，然后用镊子慢慢将里面的废丝拔出来，或者拆下喷嘴进行彻底清理。

c. 其他清理。

将3D打印机机箱下面的垃圾收拾干净，给缺油的部件做好润滑，用干净的布将电机和丝杆等组件上面的油污擦拭干净。

做好以上几点清理后，将3D打印机遮盖好后便可长期存放。3D打印机日常使用过程中，养成良好的保养习惯可延长其使用寿命。

4. 3D打印机的材料

3D打印技术实际上可细分为三维印刷技术（3DP）、熔融层积成型技术（FDM）、立体平版印刷技术（SLA）、选区激光烧结技术（SLS）、激光成型技术（DLP）和紫外线成型技术（UV）等数种[132]。打印技术的不同则导致所用材料完全不同[133]。目前应用最多的是热塑性丝材，这种材料普遍易得，打印出来的产品也接近日常生活用品（如图4-12所示）。FDM所用的材料主要是高分子聚合物，如 PLA、PCL、PHA、PBS、PA、ABS、PC、PS、POM 和 PVC。需要注意的是，一般在家庭中使用的材料应考虑安全第一的原则，所选材料一定要符合环保要求。相对而言，PLA、PCL、PHA、PBS、生物 PA 的安全性高一点，而 ABS、PC、PS、POM 和 PVC 不适于家用场合，因为 FDM 一般是在桌面上打印，熔融的高分子材料所产生的气味或是分解产生的有害物质直接与家庭成员接触，容易造成安全问题，所以在家庭

图 4-12　3D 打印出的成品

使用或室内使用时一般建议用生物材料合成的高分子材料。一些需要有一定强度功能的制件或其他特殊功能的制件则可以选择相应的材料，如尼龙、玻璃纤维、耐用性尼龙材料、石膏材料、铝合金、钛合金、不锈钢、橡胶类材料等。

4.1.4　测量工具

在制作仿蛛机器人时，经常需要测量零件的尺寸，以便准确装配。这时就需要用到直尺或测量精度更高的游标卡尺和千分尺。

1. 钢直尺

钢直尺（见图 4-13）常用于测量零件的长度尺寸，但其测量结果并不太准确，这是由于钢直尺的刻线间距为 1 mm，而刻线本身的宽度就有 0.1 ~

图 4-13　钢直尺

0.2 mm，所以测量时读数误差比较大，只能读出 mm 数，即它的最小读数值为 1 mm，比 1 mm 还小的数值，只能凭肉眼估计而得。

如果用钢直尺直接去测量零件的直径尺寸（轴径或孔径），则测量精度更差。其原因除了钢直尺本身的读数误差比较大以外，还由于钢直尺无法正好放在零件直径的正确位置。所以，零件直径尺寸的测量需要利用钢直尺和内外卡钳配合起来进行。

2. 游标卡尺

（1）游标卡尺简介。

通常人们使用游标卡尺来测量零件尺寸，它是一种可以测量零件长度、内

外径、深度的量具[134]。游标卡尺由主尺和附在主尺上能沿主尺滑动的游标两部分构成。主尺一般以 mm 为单位，而游标上则有 10、20 或 50 个分格，根据分格的不同，游标卡尺可分为 10 分度游标卡尺、20 分度游标卡尺和 50 分度游标卡尺等，游标为 10 分度的长 9 mm，20 分度的长 19 mm，50 分度的长 49 mm。游标卡尺的主尺和游标上有两副活动量爪，分别是内测量爪和外测量爪，内测量爪通常用来测量零件的内径，外测量爪通常用来测量零件的长度和外径。图 4 – 14 所示为 50 分度游标卡尺。

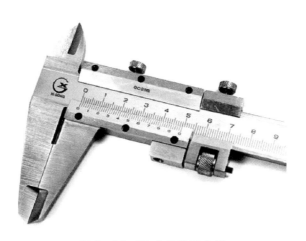

图 4 – 14　50 分度游标卡尺

在形形色色的计量器具家族中，游标卡尺是一种被广泛使用的高精度测量工具，它是刻线直尺的延伸和拓展[135]。古代早期测量长度主要采用木杆或绳子进行，或用"迈步测量"和"布手测量"的方法，待有了长度的单位制以后，就出现了刻线直尺。这种刻线直尺在公元前 3000 年的古埃及、在公元前 2000 年的我国夏商时代都已有使用，当时主要是用象牙和玉石制成，直到青铜刻线直尺的出现。当时，这种"先进"的测量工具较多的应用于生产和天文测量中。

中国古代科学技术十分发达，发明了大量在当时世界领先的仪器和器具，如浑天仪、地动仪、水排等。在北京国家博物馆中珍藏的新莽铜卡尺，经过专家考证，它是全世界发现最早的卡尺，制造于公元 9 年，距今已有 2000 多年了。与我国相比，国外在卡尺领域的发明整整晚了 1000 多年，最早的是英国的"卡钳尺"，外形酷似游标卡尺，但是与新莽铜卡尺一样，也仅仅是一把刻线卡尺，精度较低，使用范围也较窄。

最具现代测量价值的游标卡尺一般认为是由法国人约尼尔·比尔发明的[136]。他是一名颇具名气的数学家，在他的数学专著《新四分圆的结构、利用及特性》中记述了游标卡尺的结构和原理，而他的名字 Vernier 变成了英文的游标一词沿用至今。但这把赫赫有名的游标卡尺没人见到过，因此有人质疑他是否制成了游标卡尺。19 世纪中叶，美国机械工业快速发展，美国夏普机械有限公司创始人成功加工出了世界上第一批四把 0 ~ 4 英寸（1 英寸 = 2.54 厘米）的游标卡尺，其精度达到了 0.001 mm。

（2）游标卡尺的工作原理。

游标卡尺由主尺和能在主尺上滑动的游标组成。如果从背面去看，游标是一个整体[137]。游标与主尺之间有一弹簧片（图 4 – 14 中未能画出），利用弹簧片的弹力使游标与主尺靠紧。游标上部有一个紧固螺钉，可将游标固定在主尺上的任意位置。主尺和游标都有量爪，主尺上的是固定量爪，游标上的是活动量爪，利用游标卡尺上方的内测量爪可以测量槽的宽度和管的内径，利用游标卡尺下方的外测量爪可以测量零件的厚度和管的外径。深度尺与游标尺连在一起，从主尺后部伸出，可以测槽和筒的深度。

主尺和游标尺上面都有刻度。以准确到 0.1 mm 的游标卡尺为例，主尺上的最小分度是 1 mm，游标尺上有 10 个小的等分刻度，总长 9 mm，每一分度为 0.9 mm，比主尺上的最小分度相差 0.1 mm[138]。量爪并拢时主尺和游标的零刻度线对齐，它们的第一条刻度线相差 0.1 mm，第二条刻度线相差 0.2 mm，……，第 10 条刻度线相差 1 mm，即游标的第 10 条刻度线恰好与主尺的 9 mm 刻度线对齐。

当量爪间所量物体的线度为 0.1 mm 时，游标尺右向应移动 0.1 mm。这时它的第一条刻度线恰好与主尺的 1 mm 刻度线对齐。同样当游标的第五条刻度线跟主尺的 5 mm 刻度线对齐时，说明两量爪之间有 0.5 mm 的宽度，……，依此类推。

在测量大于 1 mm 的长度时，整的 mm 数要从游标 "0" 线与尺身相对的刻度线读出。

（3）游标卡尺的使用方法。

用软布将游标卡尺的量爪擦拭干净，使其并拢，查看游标和主尺的零刻度线是否对齐[139 – 140]。如果对齐就可以进行测量；如果没有对齐则要记取零误差。游标的零刻度线在主尺零刻度线右侧的叫正零误差，在主尺零刻度线左侧的叫负零误差（这种规定方法与数轴的规定一致，原点以右为正，原点以左为负）。

图 4 – 15　游标卡尺的使用

测量时，右手拿住主尺，大拇指移动游标，左手拿待测外径（或内径）的物体，使待测物位于外测量爪之间，当与量爪紧紧相贴时，即可读数，如图 4 – 15 所示。

当测量零件的外尺寸时，卡尺两测量面的连线应垂直于被测量表面，不能歪斜。测量时，可以轻轻摇动卡尺，放正垂直位置，如图 4 – 16 左图所示。否则，量爪若在图 4 – 16 右图所示的错误位置上，就将使测量结果比实际尺寸要小；先把卡尺的活动量爪张开，使量爪能自由地卡进工件，把零件贴靠在固定量爪上，然后移动尺框，用轻微的压力使活动量爪接触零件。如卡尺带有微动装置，此时可拧紧微动装置上的固定螺钉，再转动调节螺母，使量爪接触零件并读取尺寸。不可把卡尺的两个量爪调节到接近甚至小于所测尺寸，把卡尺强制地卡到零件上去。这样做会使量爪变形，或使测量面过早磨损，使卡尺失去应有的精度。

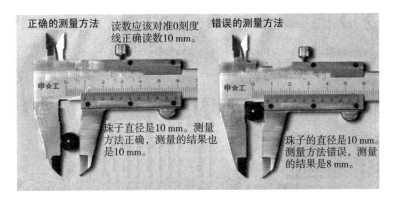

图 4 – 16　正确使用游标卡尺

（4）游标卡尺的正确读数。

在用游标卡尺测量并读数时，首先以游标零刻度线为准在主尺上读取 mm 整数，即以 mm 为单位的整数部分，然后再看游标上第几条刻度线与主尺的刻度线对齐，如第 6 条刻度线与主尺刻度线对齐，则小数部分即为 0.6 mm（若没有正好对齐的线，则取最接近对齐的线进行读数）。如有零误差，则一律用上述结果减去零误差（零误差为负，相当于加上相同大小的零误差），读数结果 L 为：

$$L = 整数部分 + 小数部分 - 零误差$$

判断游标上哪条刻度线与主尺刻度线对准可用下述方法：选定相邻的三条线，如左侧的线在主尺对应线之右，右侧的线在主尺对应线之左，中间那条线便可以认为是对准了。

$$L = 对准前刻度 + 游标上第 n 条刻度线与主尺的刻度线对齐 × 分度值$$

如果需测量几次取平均值，不需每次都减去零误差，只要从最后结果减去零误差即可。

下面以图 4 - 17 所示 0.02 游标卡尺的某一状态为例进行说明。

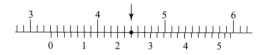

图 4 - 17　游标卡尺的正确读法

①在主尺上读出游标零刻度线以左的刻度，该值就是最后读数的整数部分。图示为 33 mm。

②游标上一定有一条与主尺的刻线对齐，在游标上读出该刻线距游标的零刻度线以左的刻度的格数，乘上该游标卡尺的精度 0.02 mm，就得到最后读数的小数部分。或者直接在游标上读出该刻线的读数，图示为 0.24 mm。

③将所得到的整数和小数部分相加，就得到总尺寸为 33.24 mm。

（5）游标卡尺的保管事项。

①保管方法。

游标卡尺使用完毕，要用棉纱擦拭干净。长期不用时应将它擦上黄油或机油，两量爪合拢并拧紧紧固螺钉，放入卡尺盒内盖好。

②注意事项。

a. 游标卡尺是比较精密的测量工具，要轻拿轻放，不得碰撞或跌落地下。使用时不要用来测量粗糙的物体，以免损坏量爪，避免与刃具放在一起，以免刃具划伤游标卡尺的表面，不使用时应置于干燥中性的地方，远离酸碱性物质，防止锈蚀。

b. 测量前应把卡尺擦拭干净，检查卡尺的两个测量面和测量刃口是否平直无损，把两个量爪紧密贴合时，应无明显的间隙，同时游标和主尺的零位刻线要相互对准。这个过程称为游标卡尺的零位校对。

c. 移动尺框时，活动要自如，不应有过松或过紧现象，更不能有晃动现象。用固定螺钉固定尺框时，卡尺的读数不应有所改变。在移动尺框时，不要忘记松开固定螺钉，亦不宜过松以免掉落。

d. 用游标卡尺测量零件时，不允许过分地施加压力，所用压力应使两个量爪刚好接触零件表面。如果测量压力过大，不但会使量爪弯曲或磨损，且量爪在压力作用下产生弹性变形，使测量得到的尺寸不准确（外尺寸小于实际尺寸，内尺寸大于实际尺寸）。

e. 在游标卡尺上读数时，应水平拿着卡尺，朝着亮光的方向，使人的视线尽可能和卡尺的刻线表面垂直，以免由于视线歪斜造成读数误差。

f. 为了获得正确的测量结果，可以多测量几次。即在零件的同一截面上的不同方向进行测量。对于较长零件，则应当在全长的各个部位进行测量，务使获得一个比较正确的测量结果。

3. 千分尺

（1）千分尺简介。

千分尺（micrometer）又称螺旋测微器、螺旋测微仪、分厘卡，是比游标卡尺更精密的测量长度的工具，其结构如图 4-18 所示。

千分尺是依据螺旋放大原理制成的，测微螺杆在螺母中旋转一周，就会沿着旋转轴线方向前进或后退一个螺距的距离[141]。因此，测微螺杆沿轴线方向移动的微小距离就能用圆周上的刻度读数表示出来。

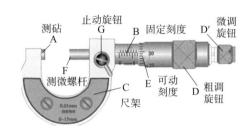

图 4-18　千分尺结构示意图

千分尺测微螺杆上的精密螺纹其螺距是 0.5 mm，可动刻度有 50 个等分刻度。当可动刻度旋转一周时，测微螺杆可前进或后退 0.5 mm，因此每旋转一个小分度，相当于测微螺杆前进或后退了 0.5/50 = 0.01（mm）[142]。由此可见，可动刻度的每一小分度表示 0.01 mm，所以千分尺的测量精度可准确到 0.01 mm。由于需要再估读一位，于是可读到 mm 的千分位，故由此得名千分尺。

（2）千分尺的使用方法。

①使用前应先检查千分尺的零点，可缓缓转动微调旋钮（D′），使测微螺杆（F）和测砧（A）接触，直到棘轮发出声音为止。此时可动刻度（E）上的零刻线应当和固定刻度（B）上的基准线（长横线）对正，否则有零误差。

②测量时（见图 4-19），左手持尺架（C），右手转动粗调旋钮

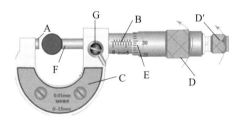

图 4-19　采用千分尺测量物体长度

（D）使测微螺杆（F）与测砧（A）间距稍大于被测物，接着放入被测物，然后转动微调旋钮（D′）夹住被测物，直到棘轮发出声音为止，再拨动止动旋钮（G）使测微螺杆固定后读数。

（3）千分尺的读数方法。

①先读固定刻度。

②再读半刻度，若半刻度线已露出，记作 0.5 mm；若半刻度线未露出，记作 0.0 mm。

③再读可动刻度（注意估读）。记作 $n \times 0.01$ mm。

④最终读数结果为固定刻度＋半刻度＋可动刻度。

（4）使用千分尺时的注意事项。

①测量时，在测微螺杆快靠近被测物体时应停止使用粗调旋钮，而改用微调旋钮，避免产生过大的压力，这样既可使测量结果精确，又能保护千分尺；

②在读数时，要注意固定刻度尺上表示 0.5 mm 的刻线是否已经露出；

③读数时，千分位有一位估读数字，不能随便扔掉，即使固定刻度的零点正好与可动刻度的某一刻度线对齐，千分位上也应读取为"0"；

④当测砧和测微螺杆并拢时，可动刻度的零点与固定刻度的零点不相重合，将出现零误差，应加以修正，即在最后测得长度的读数上去掉零误差的数值。

（5）千分尺的正确使用和保养。

①检查零位线是否准确；

②测量时需把工件被测量面擦拭干净；

③工件较大时应放在 V 形铁或平板上测量；

④测量前将测微螺杆和测砧擦干净；

⑤拧可动刻度（即活动套筒）时需用棘轮装置；

⑥不要拧松后盖，以免造成零位线改变；

⑦不要在固定刻度和可动刻度之间加入普通机油；

⑧用后擦净上油，放入专用盒内，置于干燥处。

4. 万用表

（1）万用表简介。

万用表是一种多功能、多量程、便于携带的电子仪表，可以用来测量直流电流、交流电流、电压、电阻、音频电平和晶体管直流放大倍数等物理量[143]。万用表由表头、测量线路、转换开关以及测试表笔等组成。

万用表可以分为模拟式和数字式万用表[144]。模拟式万用表是由磁电式测量机构作为核心，用指针来显示被测量数值；数字式万用表是由数字电压表作为核心，配以不同转换器，用液晶显示器显示被测量数值。

万用表怎么用呢？这是很多电工新手或青少年学生每每遇到的小难题。有了万用表却不会使用，下面介绍万用表的各个部件以及符号所代表的意思，见图 4-20。

以图 4-20 的数字万用表为例，万用表主要分为两部分，分别是表身和表笔[145-146]。表笔很简单，一根红色的表笔和一根黑色的表笔；表身包括表头（即屏幕）、转换旋钮、表笔插口。表身最上面的部分是显示屏，可以显示测量出来的所有数值；显示屏下面有两个按钮，分别是数据保留按钮和手动和自动量程按钮；表身中间部分是转换旋钮，用于转换各种挡位，上面各个字符代表的意思分别是：从 OFF 挡开始，依次是交流电压、直流电压、直流电压（毫伏）、欧姆（电阻）和二极管测试、电容、交流/直流安培、交流/直流毫安、交流/直流微安；表身最下面部分是表笔插口，从左到右共计四个插口，分别是电流安培（注意有电流通过时间要求）、电流毫安微安（也要注意电流通过时间的要求）、COM（也叫公共端）、电压电阻二极管；其中 COM 孔插黑色的表笔，其余三个孔均插红色的表笔；需要注意的是，每款万用表上面的标注方式都不尽相同，但是字符代表的意思都是一致的。

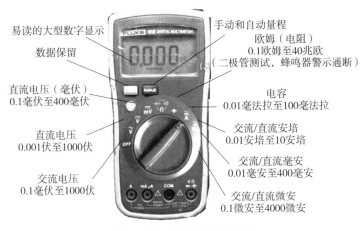

图 4-20　万用表标注说明

（2）万用表的使用方法。

现以最常用的电压测量为例，说明如何使用万用表。测量前先把黑色表笔插入 COM 孔，把红色表笔插入 VΩ 孔（即电压电阻孔），然后打开万用表，待校零完成以后，把转换旋钮旋转至电压挡（图 4-21 所示万用表是 750V 挡）；接着，一只手捏住一支表笔，此时注意不要让表笔触碰金属部分，再用两只表笔分别接触待测电

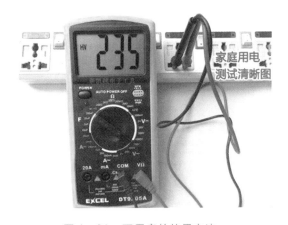

图 4-21　万用表的使用方法

路的火线和零线（如图 4-21 中插座的插孔），这时显示屏上就会显示出测量的电压数值（图 4-21 中所测电压是 235 V）；万用表的其他用法都跟上述电压测量类似。

4.2 根据三维模型生成二维切割图纸

随着激光加工技术的不断成熟与推广，素日高端的激光加工设备目前已进入企业、学校，我们可采用激光切割机作为仿蛛机器人相关结构零件的加工设备。这些激光切割机可以极为高效地加工 ABS 工程塑料或亚克力板材，可为制作自己的机器人助力。但在加工机器人相关零件之前，还需先将三维设计模型转为可用于激光切割加工的二维图纸。为此，可依照下述步骤进行。

1. 新建工程图文件

在 SOLIDWORKS 软件中选择新建文件，单击"工程图"按钮，创建工程图，如图 4 - 22 所示。

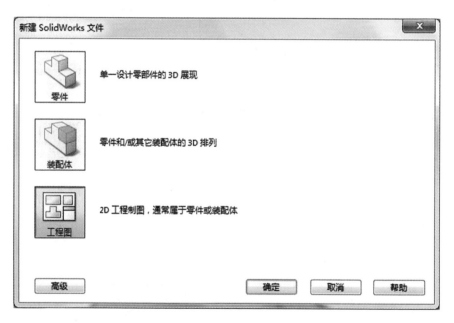

图 4 - 22　新建工程图

2. 插入模型

选择"插入模型"按钮，如图 4 - 23 所示。

3. 设置投影视图和视图比例

在软件界面中设置投影视图和视图比例，如图 4 - 24 所示。

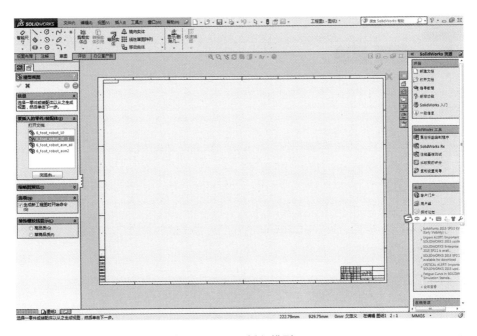

图 4 - 23 插入模型

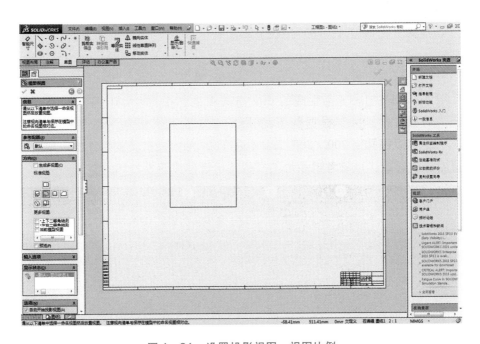

图 4 - 24 设置投影视图、视图比例

4. 生成 AutoCAD 默认 dwg 格式图纸

在软件中选定文件，并将其另存为 dwg 格式（.dwg），如图 4 - 25 所示。

图 4 – 25 生成 dwg 格式

上述步骤完成之后，即可进行工程图纸的生成，具体可依照下述步骤实施：

（1）排版与布局。

用 AutoCAD 打开先前生成的 dwg 格式图纸，在 AutoCAD 中，对各个零件进行排版和布局，主要根据购买的 ABS 板或亚克力板的尺寸进行布局，如图 4 – 26 是以幅面为 $700 \times 200(\text{mm} \times \text{mm})$ 的 ABS 板进行的零件排版情况。在排版空间足够时，应该考虑多加工一些常用零件或容易损坏的零件。

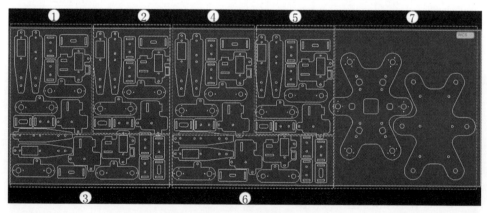

图 4 – 26 排版布局效果图

（2）生成激光切割机默认的 dxf 格式图纸。

在 AutoCAD 中，将处理过的图形文件另存为 AutoCAD 2004/LT2004 DXF（∗.dxf）以待使用，如图 4 – 27 所示。

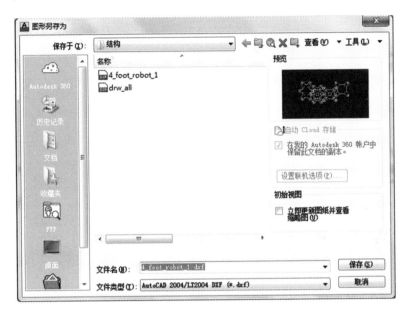

图 4 – 27　生成 dxf 格式文件

4.3　零件的切割加工

完成了可供加工的零件工程图制备工作以后，便可进行仿蛛机器人相关零件的切割加工，主要操作均在激光切割机控制电脑中完成。由于激光切割机工作时大功率的激光光束具有一定的危险性，必须高度注意人身防护，确保安全。由于加工过程中可能产生较多烟尘，请注意通风换气。操作时请按以下步骤展开工作。

1. 打开激光切割软件

激光切割软件主界面如图 4 – 28 所示。

2. 导入图纸

将切割文件导入软件，选择并导入先前备好的 dxf 格式图纸，如图 4 – 29 所示。

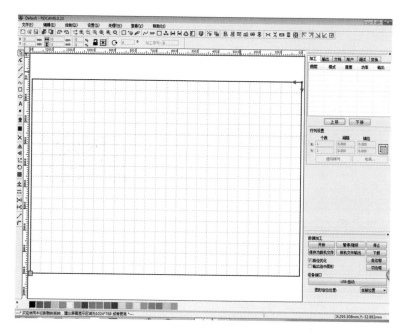

图 4 -28　切割软件主界面

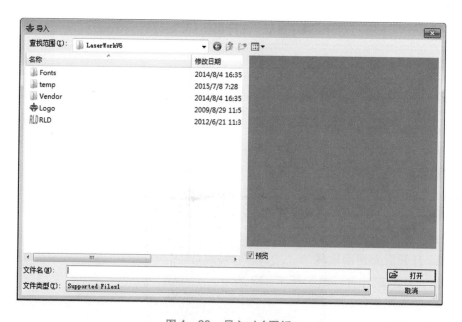

图 4 -29　导入 dxf 图纸

3. 设置切割参数

双击图层参数，设置速度、加工方式、激光功率，如图 4 -30 所示。

图 4 - 30 设置切割参数

完成上述步骤后即可单击"确定"按钮，操作激光切割机进行仿蛛机器人相关零件的切割加工。

4.4 仿蛛机器人的装配

4.4.1 仿蛛机器人单腿的装配

单腿装配是仿蛛机器人装配环节中最重要的一环，也是最复杂的一环，完成了单腿装配后，余下的装配工作就变得简单易行。因而下面将重点介绍单腿装配的方法步骤和注意事项。

在组装仿蛛机器人之前，先备好单腿节零件板，如图 4 - 31 所示。

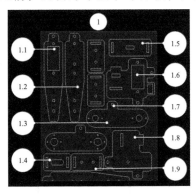

图 4 - 31 单腿节零件板

备好相应材料和工具以后，即可进行下述装配工作：

第一步，将一个备好的舵机安装到小腿干零件上。这是因为仿蛛机器人的小腿部需要有一个舵机和其相连，于是可先备好舵机，并从图 4 – 31 所示单腿节零件板中选中小腿干零件，然后将舵机准确地安装在小腿干对应的定位孔之中，用 2 mm 的螺钉锁紧固定，再在远端用连接铜柱进行连接，以保证所需的小腿干的刚度。需要注意的是：安装过程中应确保舵机轴位置的正确无误。装配结果如图 4 – 32 所示。

第二步，找出仿蛛机器人的大腿干零件，按图 4 – 33 所示位置关系摆好，准备下步对红框部分进行装配。

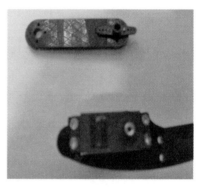

图 4 – 32　将舵机装配在小腿干上　　　　图 4 – 33　大腿干的装配关系

第三步，将在第一步装配中已完成的小腿干与大腿干红框部分相应部位对齐，然后拧上螺钉固定好，所得装配结果如图 4 – 34 所示。

第四步，再拿出一个舵机，并固定好舵盘，如图 4 – 35 所示。

图 4 – 34　大腿干与小腿干部分的　　　　图 4 – 35　固定好舵盘的舵机
　　　　　　安装效果图

第五步，按图 4 – 36 所示情况将上述已装配好的两个部件排布整齐，准备装配。

第六步，将舵机部分和大腿干部分进行装配，所得装配结果如图 4 – 37 所示。

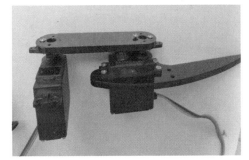

图 4 – 36　待下步装配的两个部件　　　　图 4 – 37　舵机与大腿干装配效果

第七步，接下来安装舵机固定支架，安装结果如图 4 – 38 所示。

第八步，将已经装配好的舵机固定支架和已装配好的大腿干部件进行连接，在左边舵机和舵机框架上连接紧固螺钉，装配结果如图 4 – 39 所示。

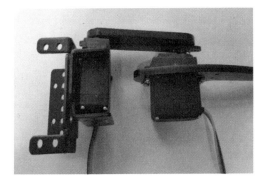

图 4 – 38　舵机固定支架装配效果　　　图 4 – 39　舵机固定支架和大腿
　　　　　　　　　　　　　　　　　　　　　　干部件装配效果

第九步，接着安装髋关节驱动舵机，然后再将左边的舵机和舵机框架相互用螺钉固定，其装配结果如图 4 – 40 所示。

第十步，在髋关节舵机上安装卡位舵盘，如图 4 – 41 所示。

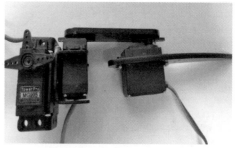

图 4 –40 髋关节驱动舵机与
大腿部件装配效果

图 4 –41 给髋关节驱动舵机装上舵盘

第十一步，将经上述装配步骤装配好的大腿整体部分和仿蛛机器人躯干底板相连，用螺钉将髋关节驱动舵机的舵盘和机器人躯干底板相互固定，其装配结果如图 4 – 42 所示。

第十二步，将舵机输出头和仿蛛机器人的躯干盖板用螺钉相互连接，即可将整个大腿干部件固定在仿蛛机器人的躯干上，其装配结果如图 4 – 43 所示。

图 4 –42 髋关节驱动舵机的
舵盘和机器人躯干底板连接情况

图 4 –43 大腿干部件与仿蛛机器人
躯干盖板连接情况

4.4.2 仿蛛机器人躯干的装配

仿蛛机器人的躯干装配主要包含两部分内容，一是将相应舵机的舵盘和仿蛛机器人躯干盖板、躯干底板分别连接起来；二是用塑料柱或铜柱将机器人躯干盖板和躯干底板连接起来。完成上述两项装配任务以后，即可得到仿蛛机器人躯干部分的装配结果，如图 4 – 44 所示。

图 4 –44 仿蛛机器人躯干部分的装配效果图

4.4.3 仿蛛机器人整体的装配

组装好单腿节和躯干部分以后，就可以开始仿蛛机器人的整体装配了。将先前已装配完成的六条单腿节分别与仿蛛机器人躯干盖板上的相应舵盘进行连接并固定，再通过套有轴承的螺钉将单腿节固定在躯干底板上形成转动副连接。其装配情况如图 4 –45 所示

至此，属于你自己的仿蛛机器人已经装配成型，让我们看看它的风采吧（见图 4 –46）。

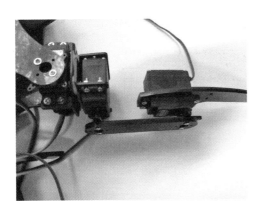

图 4 –45　用套有轴承的螺钉将单腿节
固定在躯干底板上

图 4 –46　仿蛛机器人
整体装配效果

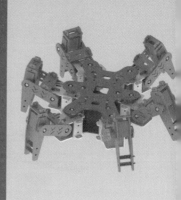

第 5 章
请你教我思考

机器人的控制系统是机器人的重要组成部分，其作用就相当于人的大脑，它负责接收外界的信息与命令，并据此形成控制指令，控制机器人做出反应。对于机器人来说，控制系统包含对机器人本体工作过程进行控制的控制器、机器人专用的传感器，以及运动伺服驱动系统等[147]。

5.1 仿蛛机器人的控制系统设计

5.1.1 机器人控制系统的基本组成

仿蛛机器人控制系统主要由控制器、执行器、被控对象和检测变送单元四部分组成。各部分的功能如下：

（1）控制器用于将检测变送单元的输出信号与设定值信号进行比较，按一定的控制规律对其偏差信号进行运算，并将运算结果输出到执行器[148]。控制器可以用来模拟仪表的控制器，或用来模拟由微处理器组成的数字控制器。仿蛛机器人的控制器就是选用数字控制器式的单片机进行控制的。

（2）执行器是控制系统环路中的最终元件，它直接用于操纵变量变化。执行器接收控制器的输出信号，改变操纵变量[149]。执行器可以是气动薄膜控制阀、带电气阀门定位器的电动控制阀，也可以是变频调速电机等。在本书研制的仿蛛机器人身上选用了较为高级的芯片，其输出的 PWM 信号可以直接控制舵机转动，故本控制系统的执行器内嵌在控制器中了。

（3）被控对象是需要进行控制的设备，在仿蛛机器人中，被控对象就是机器人各关节的舵机。

（4）检测变送单元用于检测被控变量，并将检测到的信号转换为标准信号输出。例如仿蛛机器人控制系统中，检测变送单元用来检测舵机转动的角度，以便做出调整。

上述四部分的关系可用图 5 - 1 进行描述。

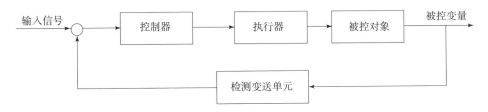

图 5 - 1　控制系统组成示意图

5.1.2　机器人控制系统的工作机理

机器人控制系统的工作机理决定了机器人的控制方式，也就是决定了机器人将通过何种方式进行运动[31]。常见的机器人控制方式有以下五种。

1. 点位式

这种控制方式适合于要求机器人能够准确控制末端执行器位姿的应用场合，而与路径无关。应用实例有焊接机器人，对于焊接机器人来说，只需其控制系统能够识别末端焊缝即可，而不需要关心机器人其他位姿[150]。

2. 轨迹式

这种控制方式要求机器人按示教的轨迹和速度运动，主要用于示教机器人。

3. 程序控制式

这种控制方式给机器人的每一个自由度施加一定规律的控制作用，机器人就可实现要求的空间轨迹。这种控制方式较为常用，小型仿生机器人的控制系统就是通过预先编程，然后将编好的程序下载到单片机上，再通过遥控器调取程序进行控制的。

4. 自适应控制式

当外界条件变化时，为了保证机器人所要求的控制品质，或为了随着经验的积累而自行改善机器人的控制品质，就可采用自适应控制系统[151]。该系统的控制过程是基于操作机的状态和伺服误差的观察，再调整非线性模型的参数，一直到误差消失为止。这种系统的结构和参数能随时间和条件自动改变，且具有一定的智能性。

5. 人工智能系统

对于那些事先无法编制运动程序，但又要求在机器人运动过程中能够根据所获得的周围状态信息，实时确定机器人的控制作用的应用场合，就可采用人工智能控制系统。这种控制系统比较复杂，主要应用在大型复杂系统的智能决策中。

机器人控制系统的基本原理是：检测被控变量的实际值，将输出量的实际值与给定输入值进行比较得出偏差，然后使用偏差值产生控制调节作用以消除偏差，使得输出量能够维持期望的输出。在本书介绍的小型仿生机器人控制系统中，由遥控器发出移动至目标位置的命令，经控制系统后输出 PWM 信号，驱动机器人关节转动，再由检测系统检测关节转角，进行调整。当命令是连续的时候，机器人的关节就可持续转动了。

5.1.3　机器人控制系统的主要作用

机器人除了需要具备以上功能外，还需要具备一些其他功能，以方便机器人开展人机交互和读取系统的参数信息。

1. 记忆功能

在机器人控制系统中，设置有 SD 卡，可以存储机器人的关节运动信息、位置姿态信息以及控制系统运行信息。

2. 示教功能

本书为仿蛛机器人控制系统配有示教装置。通过示教来寻找机器人最优的姿态。

3. 与外围设备联系功能

这些联系功能主要通过输入和输出接口、通信接口予以实现。

4. 传感器接口功能

机器人传感系统中往往包含有位置检测传感器、视觉传感器、触觉传感器和力觉传感器等，这些传感器随时都在采集机器人的内外部信息，并将其传送到控制系统中，这些工作都需要传感器接口来完成。

5. 位置伺服功能

机器人的多轴联动、运动控制、速度和加速度控制等工作都与位置伺服功能相关，这些都是在程序中进行实现的。

6. 故障诊断和安全保护功能

机器人的控制系统时刻监视着机器人的运行时状态，并完成故障状态下的安全保护。本系统在程序中时刻检测着机器人的运行状态，一旦机器人发生故障，就停止其工作，以保护机器人。

由此可知，机器人控制系统之所以能够完成十分复杂的控制任务，主要归功于控制器，而控制器的核心即是控制芯片，例如单片机、DSP、ARM 等嵌入式控制芯片。

5.2 单片机控制技术简述

5.2.1 单片机的工作原理

单片机（Microcontroller）是一种集成电路芯片，是采用超大规模集成电路技术把具有数据处理能力的中央处理器 CPU、随机存储器 RAM、只读存储器 ROM、多种 I/O 口和中断系统、定时器/计数器等功能（可能还包括显示驱动电路、脉宽调制电路、模拟多路转换器、A/D 转换器等电路）集成到一块硅片上构成的一个小巧而完善的微型计算机系统，在控制领域应用十分广泛。

单片机自动完成赋予其任务的过程就是单片机执行程序的过程，即执行具体一条条指令的过程[152]。所谓指令就是把要求单片机执行的各种操作用命令的形式写下来，这是在设计人员赋予它的指令系统时所决定的。一条指令对应着一种基本操作。单片机所能执行的全部指令就是该单片机的指令系统。不同种类单片机其指令系统亦不同。为了使单片机能够自动完成某一特定任务，必须把要解决的问题编成一系列指令（这些指令必须是单片机能够识别和执行的指令），这一系列指令的集合就称为程序。程序需要预先存放在具有存储功能的部件——存储器中。存储器由许多存储单元（最小的存储单位）组成，就像摩天大楼是由许多房间组成一样，指令就存放在这些单元里。众所周知，摩天大楼的每个房间都被分配了唯一的一个房号，同样，存储器的每一个存储单元也必须被分配唯一的地址号，该地址号称为存储单元的地址。只要知道了存储单元的地址，就可以找到这个存储单元，其中存储的指令就可以十分方便地被取出，然后再被执行。程序通常是按顺序执行的，所以程序中的指令也是一条条顺序存放的。单片机在执行程序时要能把这些指令一条条取出并加以执行，必须有一个部件能追踪指令所在的地址，这一部件就是程序计数器 PC（包含在 CPU 中）。在开始执行程序时，给 PC 赋以程序中第一条指令所在的地址，然后取得每一条要执行的命令，PC 中的内容就会自动增加，增加量由本条指令长度决定，可能是 1、2 或 3，以指向下一条指令的起始地址，保证指令能够顺序执行。

5.2.2　单片机系统与计算机的区别

将微处理器（CPU）、存储器、I/O 接口电路和相应的实时控制器件集成在一块芯片上所形成的系统称为单片微型计算机，简称单片机[153]。单片机在一块芯片上集成了 ROM、RAM、FLASH 存储器，外部只需要加电源、复位、时钟电路，就可以成为一个简单的系统。其与计算机的主要区别在于：

（1）计算机的 CPU 主要面向数据处理，其发展途径主要围绕数据处理功能、计算速度和精度的进一步提高而展开。单片机主要面向控制，控制中的数据类型及数据处理相对简单，所以单片机的数据处理功能比通用微机相对要弱一些，计算速度和精度也相对要低一些。

（2）计算机中存储器组织结构主要针对增大存储容量和 CPU 对数据的存取速度。单片机中存储器的组织结构比较简单，存储器芯片直接挂接在单片机的总线上，CPU 对存储器的读写按直接物理地址来寻址存储器单元，存储器的寻址空间一般都为 64 KB。

（3）计算机中 I/O 接口主要考虑标准外设，如 CRT、标准键盘、鼠标、打印机、硬盘、光盘等[154]。单片机的 I/O 接口实际上是向用户提供的与外设连接的物理界面，用户对外设的连接要设计具体的接口电路，需有熟练的接口电路设计技术。

简单而言，单片机就是一个集成芯片外加辅助电路构成的一个系统。由微型计算机配以相应的外围设备（如打印机）及其他专用电路、电源、面板、机架以及足够的软件就可构成计算机系统。

5.2.3　单片机的驱动外设

单片机的驱动外设一般包括：串口控制模块、SPI（串行外设接口）模块、I^2C 模块、A/D 模块、PWM 模块、CAN 模块、EEPROM（带电可擦可编程只读存储器）和比较器模块等，它们都集成在单片机内部，有相对应的内部控制寄存器，可通过单片机指令直接控制[155-157]。有了上述功能，控制器就可以不依赖复杂编程和外围电路而实现某些功能。

使用数字 I/O 端口可以进行跑马灯实验，通过将单片机的 I/O 引脚位进行置位或清零，可用来点亮或关闭 LED 灯。串口接口的使用是非常重要的：通过这个接口，可以使单片机与 PC 机之间交换信息；使用串口接口也有助于掌握目前最为常用的通信协议；也可以通过计算机的串口调试软件来监视单片机实验板的数据。利用 I²C、SPI 通信接口进行扩展外设是最常用的方法，也是非常重要的方法。这两个通信接口都是串行通信接口，典型的基础实验就是 I²C 的 EEPROM 实验与 SPI 的 SD 卡读写实验。单片机目前基本都自带多通道 A/D 模数转换器，通过这些 A/D 转换器可以利用单片机获取模拟量，用于检测电压、电流等信号。使用者要分清模拟地与数字地、参考电压、采样时间、转换速率、转换误差等重要概念。目前主流的通信协议为：USB 协议——下位机与上位机高速通信接口；TCP/IP——万能的互联网使用的通信协议；工业总线——诸如 Modbus，CANOpen 等各个工业控制模块之间通信的协议。

5.2.4　单片机的编程语言

如前所述，为了使单片机能够自动完成某一特定任务，必须把要解决的问题编成一系列指令，这一系列指令的集合就是程序。好的程序可以提高单片机的工作效率。单片机使用的程序是用专门的编程语言编制的，常用的编程语言有机器语言、汇编语言和高级语言。

1. 机器语言

单片机是一种大规模的数字集成电路，它只能识别 0 和 1 这样的二进制代码。以前在单片机开发过程中，人们用二进制代码编写程序，然后再把所编写的二进制代码程序写入单片机，单片机执行这些代码程序就可以完成相应的程序任务[158]。

用二进制代码编写的程序称为机器语言程序。在用机器语言编程时，不同的指令用不同的二进制代码代表，这种二进制代码构成的指令就是机器指令。在用机器语言编写程序时，由于需要记住大量的二进制代码指令以及这些代码代表的功能，十分不便且容易出错，现在已经很少有人采用机器语言对单片机进行编程了。

2. 汇编语言

由于机器语言编程极为不便，人们便用一些富有意义且容易记忆的符号来表示不同的二进制代码指令，这些符号称为助记符[159]。用助记符表示的指令称为汇编语言指令，用助记符编写出来的程序称为汇编语言程序，例如下面两行程序的功能是一样的，都是将二进制数据 00000010 送到累加器 A 中，但它们的书写形式不同：

```
01110100 00000010（机器语言）

MOV A,#02H(汇编语言)
```

从上可以看出，机器语言程序要比汇编语言程序难写，并且很容易出错。

单片机只能识别机器语言，所以汇编语言程序要翻译成机器语言程序，再写入单片机中。一般都是用汇编软件自动将汇编语言翻译成机器指令。

3. 高级语言

高级语言是依据数学语言设计的，在用高级语言编程时不用过多地考虑单片机的内部结构。与汇编语言相比，高级语言易学易懂，而且通用性很强，因此得到人们的喜爱与重视。高级语言的种类很多，如：B 语言、Pascal 语言、C 语言和 Java 语言等。单片机常用 C 语言作为高级编程语言。

单片机不能直接识别高级语言书写的程序，因此也需要用编译器将高级语言程序翻译成机器语言程序后再写入单片机。

在上面三种编程语言中，高级语言编程较为方便，但实现相同的功能，汇编语言代码较少，运行效率较高。另外对于初学单片机的人员，学习汇编语言编程有利于更好地理解单片机的结构与原理，也能为以后学习高级语言编程打下扎实的基础。

5.3　ARM 控制技术简述

5.3.1　ARM 简介

高级精简指令集机器（Advanced RISC Machine，ARM）是一个 32 位精简指令集（RISC）的处理器架构，广泛用于嵌入式系统设计[160]。ARM 开发板根据其内核可以分为 ARM7、ARM9、ARM11、Cortex - M 系列、Cortex - R 系列、Cortex - A 系列，等等。其中，Cortex 是 ARM 公司出产的最新架构，占据了很大的市场份额。Cortex - M 是面向微处理器用途的；Cortex - R 系列是针对实时系统用途的；Cortex - A 系列是面向尖端的基于虚拟内存的操作系统和用户应用的。由于 ARM 公司只对外提供 ARM 内核，各大厂商在授权付费使用 ARM 内核的基础上研发生产各自的芯片，形成了嵌入式 ARM CPU 的大家庭。提供这些内核芯片的厂商有 Atmel、TI、飞思卡尔、NXP、ST、三星等。本书描述的仿蛛机器人使用的是 ST 公司生产的 Cortex - M3 ARM 处理器 STM32F103（见图 5 - 2）。

图 5 - 2　STM32F103

5.3.2　ARM 的特点

ARM 内核采用精简指令集计算机（RISC）体系结构，是一个小门数的计算机，其指令集和相关的译码机制比复杂指令集计算机（CISC）要简单得多，其目标就是设计出一套能在高时钟频率下单周期执行的简单而高效的指令集[161]。RISC 的设计重点在于降低处理器中指令执行部件的硬件复杂度，这是因为软件比硬件更容易提供更大的灵活性和更高的智能水平。因此 ARM 具备了非常典型的 RISC 结构特性：

（1）具有大量的通用寄存器；

（2）通过装载/保存（load – store）结构使用独立的 load 和 store 指令完成数据在寄存器和外部存储器之间的传送，处理器只处理寄存器中的数据，从而避免多次访问存储器；

（3）寻址方式非常简单，所有装载/保存的地址都只由寄存器内容和指令域决定；

（4）使用统一和固定长度的指令格式。

这些在基本 RISC 结构上增强的特性使 ARM 处理器在高性能、低代码规模、低功耗和小的硅片尺寸方面取得良好的平衡[162]。

5.3.3　ARM 的驱动外设

ARM 公司只设计内核，将设计的内核卖给芯片厂商，芯片厂商在内核外自行添加外设。本节重点分析 STM32 的外设。

STM32 是一个性价比很高的处理器，具有丰富的外设资源。它的存储器片上集成着 32 ~ 512KB 的 Flash 存储器、6 ~ 64KB 的 SRAM 存储器，足够一般小型控制系统使用。它还集成着 12 通道的 DMA 控制器，以及 DMA 支持的外设。片上集成的定时器中包含 ADC、DAC、SPI、IIC 和 UART；此外，它还集成着 2 通道 12 位 D/A 转换器，这是属于 STM32F103xC、STM32F103xD 和 STM32F103xE 所独有的。最多可达 11 个定时器，其中有 4 个 16 位定时器，每个定时器有 4 个 IC/OC/PWM 或者脉冲计数器，2 个 16 位的 6 通道高级控制定时器，最多 6 个通道可用于 PWM 输出；2 个 16 位基本定时器用于驱动 DAC。支持多种通信协议：2 个 I^2C 接口、5 个 USART 接口、3 个 SPI 接口，两个和 IIS 复用、CAN 接口、USB 2.0 全速接口[163]。

5.3.4　ARM 的编程语言

ARM 的体系架构采用第三方 Keil 公司 μVision 的开发工具（目前已被 ARM 公司收购，发展为 MDK – ARM 软件），用 C 语言作为开发语言，利用 GNU 的 ARM – ELF – GCC 等工具作为编译器及链接器，易学易用，它的调试仿真工具也是 Keil 公司开发的 Jlink 仿真器。Keil 的工作界面如图 5 – 3 所示[164]。

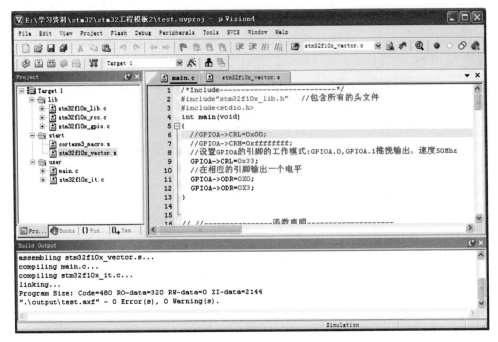

图 5 – 3　Keil 工作界面

5.3.5　控制板 PCB 的设计与制作

经设计与分析，可确定仿蛛机器人控制板 PCB 的原理图，其中显示模块的原理图如图 5 – 4 所示。

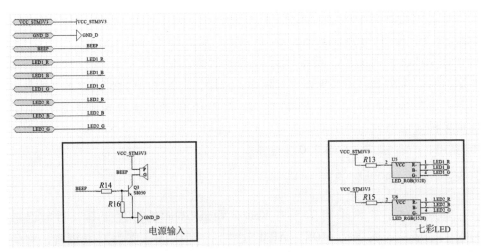

图 5 – 4　显示模块的原理图

MCU 模块原理图如图 5 – 5 所示。

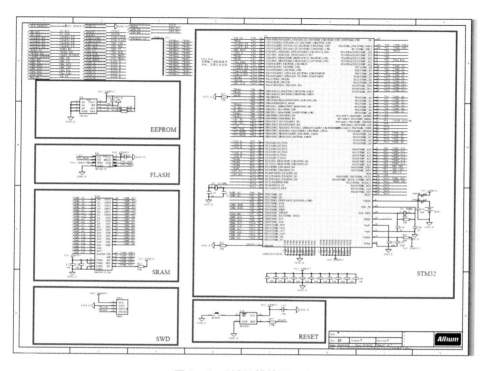

图 5 - 5　MCU 模块原理图

电源模块原理图如图 5 - 6 所示。

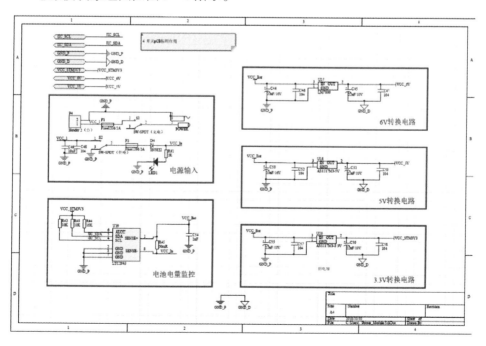

图 5 - 6　电源模块原理图

通信模块原理图如图 5 – 7 所示。

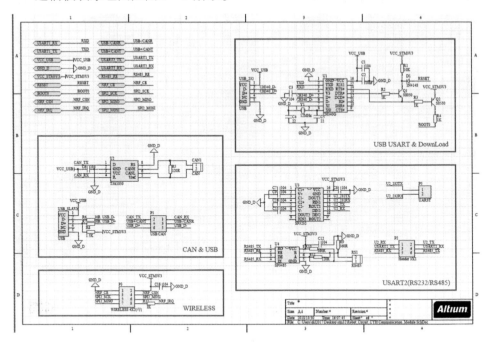

图 5 – 7　通信模块原理图

舵机驱动模块原理图如图 5 – 8 所示。

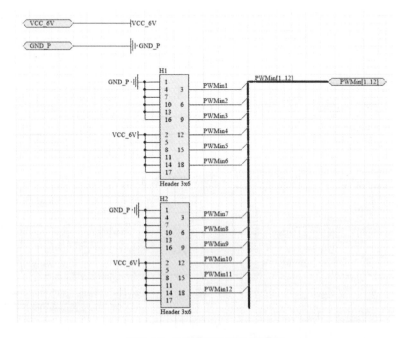

图 5 – 8　舵机驱动模块原理图

最后，在 Altium Designer 将上述原理图生成控制器的 PCB 板，交由 PCB 生产厂家进行生产，此后再在 PCB 上焊接所需要的外部接口。

5.4 Arduino 控制技术

5.4.1 Arduino 简介

Arduino 是一款便捷灵活、上手方便的开源电子原型平台，包含硬件（各种型号的 Arduino 板）和软件（Arduino IDE）[165]。它适用于艺术家、设计师、爱好者和对于"互动"有特殊兴趣的朋友们，在业界深受欢迎。

Arduino 是一个基于开放原始码的软硬体平台，构建于开放原始码 simple I/O 界面版，并且具有类似 Java 和 C 语言的 Processing/Wiring 开发环境。

Arduino 能通过各种各样的传感器来感知环境，通过控制灯光、马达和其他装置来反馈并影响环境。其板子上的微控制器可以通过 Arduino 编程语言来编写程序，编译成二进制文件，烧录进微控制器。对 Arduino 的编程是利用 Arduino 编程语言（基于 Wiring）和 Arduino 开发环境（based on Processing）来实现的。基于 Arduino 的项目可以只包含 Arduino，也可以包含 Arduino 和其他一些在计算机上运行的软件，它们之间可以通过通信（比如 Flash，Processing，MaxMSP）来实现[166]。

Arduino 所使用的软件都可以免费下载，硬件设计时所用到的 CAD 文件也是遵循可用的开源协议的，人们可以非常自由地根据自己的要求去修改或使用它们。

Arduino 还有如下特点：

（1）开放源代码的电路图设计，程序开发接口免费下载，也可依据需求自己进行修改[167]。

（2）使用低价格的微处理控制器（AVR 系列控制器），可以采用 USB 接口供电，不需外接电源，也可以使用外部 9 V DC 输入。

（3）Arduino 支持 ISP 在线烧录，可以将新的 bootloader 固件烧入 AVR 芯片。有了 bootloader 之后，可以通过串口或 USB to RS232 线来更新固件。

（4）可依据官方提供的 Eagle 格式设计 PCB 和 SCH 电路图，以简化 Arduino 模组，完成独立运作的微处理控制；还可简单地与传感器和各式各样的电子元件连接（例如：红外线传感器、超音波传感器、热敏电阻、光敏电阻、伺服马达等）。

（5）支持多种互动程序。如 Flash、Max/Msp、VVVV、PD、C、Processing等。

（6）在应用方面，利用 Arduino 可以突破以往只能使用鼠标、键盘、CCD等装置输入的互动内容，可以更简单地达成单人或多人游戏互动。

（7）在功能方面，可以让人们快速使用 Arduino 与 Macromedia Flash、Processing、Max/MSP、Pure Data、SuperCollider 等软件结合，作出互动作品[168]。Arduino 可以使用现有的电子元件，例如开关、传感器、其他控制器件、LED、步进马达或其他输出装置。Arduino 可以独立运行，并与软件进行交互，例如Macromedia Flash、Processing、Max/MSP、Pure Data、VVVV 或其他互动软件[169]。Arduino 的 IDE 界面基于开放源代码，可以让人们免费下载使用，开发出了更多令人惊艳的互动作品。

5.4.2　Arduino 引脚分配图简介

本书将详细、系统地介绍 Arduino 开发板的硬件电路部分。具体而言，就是介绍 Arduino UNO 开发板的引脚分配图及其定义[170]。Arduino UNO 微控制器采用的是 Atmel 的 ATmega328。Arduino UNO 开发板的引脚分配图中包含 14 个数字引脚、6 个模拟输入、电源插孔、USB 连接和 ICSP 插头。引脚的复用功能提供了更多的不同选项，例如驱动电机、LED、读取传感器等。Arduino UNO引脚分配图如图 5 -9 所示。

Arduino UNO 开发板可以使用三种方式供电。

（1）直流电源插孔。

人们可以使用电源插孔为 Arduino 开发板供电。电源插孔通常连接到一个适配器。开发板的供电范围可以是 5 ~ 20 V，但制造商建议将其保持在 7 ~12 V 之间。高于 12 V 时，稳压芯片可能会过热，而低于 7 V 可能会供电不足。

（2）VIN 引脚。

该引脚用于使用外部电源为 Arduino UNO 开发板供电。电压应控制在上述提到的范围内。

（3）USB 电缆。

连接到计算机时，可提供 500 mA/5 V 电压。

Arduino 板的供电示意图如图 5 -10 所示。

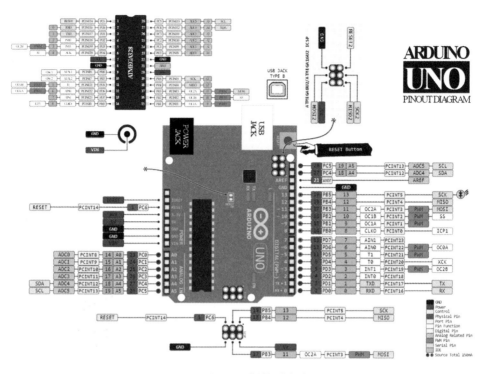

图 5 - 9 Arduino 板的引脚分配图

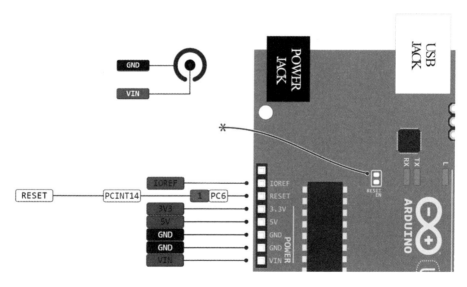

图 5 - 10 Arduino 板的供电示意图

在电源插孔的正极与 VIN 引脚之间连接有一个极性保护的二极管，额定电流为 1 A。人们使用的电源决定了可用于电路的功率。例如，当人们使用 USB 为电路供电时，电流最大限制在 500 mA。考虑到该电源也用于为 MCU、外围设备、板载稳压器和与其连接的组件供电，当通过电源插座或 VIN 为电路供电时，可用的最大电流取决于 Arduino 开发板上的 5 V 和 3.3 V 稳压器。根据制造商的数据手册，它们提供稳压的 5 V 和 3.3 V，向外部组件供电。在 Arduino UNO 引脚分配图中，可以看到有 5 个 GND 引脚，它们都是互相连通的。GND 引脚用于闭合电路回路，并在整个电路中提供一个公共逻辑参考电平。提请注意的是：务必确保所有的 GND（Arduino、外设和组件）相互连接并且有共同点。RESET 的作用是复位 Arduino 开发板。IOREF 引脚是输入/输出参考，它提供了微控制器工作的参考电压。Arduino UNO 有 6 个模拟引脚，作为 ADC（模数转换器）使用。这些引脚用作模拟输入，但也可用作数字输入或数字输出。Arduino UNO 的模拟引脚图如图 5 - 11 所示，数字引脚图则如图 5 - 12 所示。

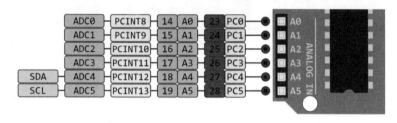

图 5 - 11　Arduino 板的模拟引脚图

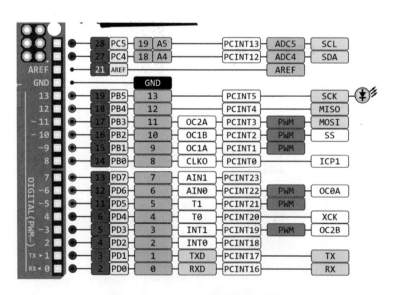

图 5 - 12　Arduino 板的数字引脚图

为了让本书的学习者更好地掌握相关概念和知识，下面对一些专用术语进行解释：

1. 什么是模数转换（ADC）?

ADC 表示从模拟信号到数字信号的转换器。实质上看，ADC 就是一种将模拟信号转换为数字信号的电子电路。模拟信号的这种数字表示方式允许处理器（其是数字设备）来测量模拟信号并在其操作中使用它。

Arduino 的引脚 A0 ~ A5 能够读取模拟电压。在 Arduino 上，ADC 具有 10 位分辨率，这意味着它可以通过 1 024 个数字电平表示模拟电压。ADC 将电压转换成微处理器可以理解的内容。

ADC 常见的应用实例是 IP 语音（VoIP）。每部智能手机都有一个麦克风，可将声波（语音）转换为模拟电压，再通过设备的 ADC 转换成数字数据，此后通过互联网传输到接收端。

Arduino UNO 的引脚 0 ~ 13 用作数字输入/输出引脚。其中，引脚 13 连接到板载的 LED 指示灯；引脚 3、5、6、9、10、11 具有 PWM 功能。

需要注意的是：

（1）每个引脚可提供/接收最高 40 mA 的电流，但推荐的电流是 20 mA。

（2）所有引脚提供的绝对最大电流为 200 mA。

2. 什么是数字电平?

数字电平是一种用 0 或 1 来表示电压的方式。Arduino 上的数字引脚可根据用户需求设计为输入或输出所用的。数字引脚可以打开或关闭。开启时，它们处于 5 V 的高电平状态；关闭时，它们处于 0 V 的低电平状态。

在 Arduino 上，当数字引脚配置为输出时，它们设置为 0 或 5 V。当数字引脚配置为输入时，电压由外部设备提供。该电压可以在 0 ~ 5 V 之间变化，并转换成数字表示（0 或 1）。为了确定这一点，Arduino 提供有 2 个阈值：

（1）低于 0.8 V，视为 0。

（2）高于 2.0 V，视为 1。

将组件连接到数字引脚时，确保逻辑电平匹配。如果电压在阈值之间，则返回值将不确定。

3. 什么是 PWM?

脉宽调制（PWM）是一种调制技术，用于将消息编码为脉冲信号。PWM 由频率和占空比两个关键部分组成。其中，频率决定了完成单个周期所需的时间以及信号从高到低的波动速度；占空比决定了信号在总时间段内保持高电平的时间。占空比以百分比表示。

在 Arduino 中，支持 PWM 的引脚产生约 500 Hz 的恒定频率，而占空比根据用户设置的参数而变化，如图 5-13 所示。

PWM 信号用于直流电机的速度控制和 LED 的调光等。

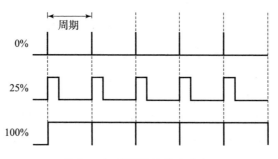

图 5-13　PWM 波的占空比

4. 什么是通信协议？

数字引脚 0 和 1 是 Arduino UNO 的串行（TTL）引脚，它们由板载 USB 模块使用。

（1）串行通信。

串行通信可用于 Arduino 板和其他串行设备（如计算机、显示器、传感器等）之间来交换数据。每块 Arduino 板上至少有一个串口。串行通信发生在数字引脚 0（RX）和 1（TX）以及 USB 上。Arduino 也支持通过数字引脚与 Software Serial Library 进行串行通信。这将允许用户连接多个支持串行的设备，并保留主串行端口可用于 USB。

（2）软件串行和硬件串行。

大多数微控制器都具有用于与其他串行设备进行通信的硬件。软件串行端口使用引脚更改中断系统进行通信。有一个用于软件串行通信的内置库。处理器使用软件串行来模拟额外的串行端口。软件串行唯一的缺点是它需要更多的处理，并且不支持与硬件串行相同的高速处理功能。

（3）SPI。

SS/SCK/MISO/MOSI 引脚是 SPI 通信的专用引脚。它们可以在 Arduino UNO 的数字引脚 10～13 和 ICSP 插头上找到。

（4）串行外设接口（Serial Peripheral Interface，SPI）。

它是一种串行数据协议，由微控制器用来与总线中的一个或多个外部设备进行通信。SPI 也可以用来连接 2 个微控制器。在 SPI 总线上，总是有一个设备表示为主设备，其余所有设备都表示为从设备。在大多数情况下，微控制器是主设备。SS（从选择）引脚确定主器件当前正在与哪个器件通信。

启用 SPI 的器件始终具有以下引脚：

①MISO（主从输出）

它是用于向主设备发送数据的线路。

②MOSI（主机输出从机输入）

它是发送数据到外围设备的主机线。

③SCK（串行时钟）

它是由主设备生成的用于同步数据传输的时钟信号。

（5）I^2C。

SCL/SDA 引脚是 I^2C 通信的专用引脚。在 Arduino UNO 上，它们可以在模拟引脚 A4 和 A5 上找到。

I^2C 通信协议通常称为 "I^2C 总线"。I^2C 通信协议旨在实现单个电路板上组件之间的通信。使用 I^2C 时，有 2 条通信线，称为 SCL 和 SDA。其中，SCL 是用于同步数据传输的时钟线；SDA 是用于传输数据的通信线。

I^2C 总线上的每个器件都有一个唯一的地址，最多可以在同一条总线上连接 255 个器件。

（6）AREF。

它是模拟输入的参考电压。

（7）中断。

它包含 INT0 和 INT1。Arduino UNO 有两个外部中断引脚。

（8）外部中断。

外部中断是外部干扰出现时发生的系统中断。干扰可能来自用户或网络中的其他硬件设备。Arduino 中这些中断的常见用途是读取编码器产生的方波或外部事件唤醒处理器的频率。

Arduino 有两种形式的中断，即：外部输入引起的中断和引脚状态变化引起的中断。ATmega168/328 上有两个外部中断引脚，称为 INT0 和 INT1。INT0 和 INT1 分别映射到引脚 2 和引脚 3 上。相反，引脚变化中断可以在任何引脚上激活。

（9）ICSP 插头。

ICSP 表示在线串行编程。该名称源自在系统编程（ISP）。Arduino 相关的制造商（如 Atmel）开发了自己的在线串行编程插头。这些引脚使用户能够编程 Arduino 开发板上的固件。Arduino 开发板上有 6 个 ICSP 引脚，可通过编程电缆连接到编程器设备上。

Arduino UNO 开发板是当今市场上最流行的开发板之一，这就是为什么要在本书中着力介绍这款开发板。本书介绍了其大部分功能，但也有很多高级选项在本书中没有涉及。

5.4.3　Arduino 开发环境的搭建

获取 Arduino IDE 开发工具的地址为：http://Arduino. cc/en/Main/Software，下载界面如图 5 – 14 所示。

Download

Arduino 1.0.4 (release notes), hosted by Google Code:

+ Windows
+ Mac OS X
+ Linux: 32 bit, 64 bit
+ source

Next steps

Getting Started
Reference
Environment
Examples
Foundations
FAQ

图 5 - 14　下载界面

在图 5 - 14 所示下载界面上可以下载 release 版、Beta 版和前期版本。Arduino 具有很好的开发性，支持源码下载，支持的平台包括 Windows、MAC OS X、Linux 等。在 Windows 平台上面的 Arduino IDE 下载后为 zip 包，直接解压就可以使用。图 5 - 15 所示为 Arduino 的主界面。

图 5 - 15 对 Arduino 主界面进行了简单的功能标注说明。

关于 Arduino 的驱动安装，可先看看 Arduino UNO R3 的正面，如图 5 - 16 所示。

图 5 - 15　Arduino 的主界面　　　　图 5 - 16　Arduino UNO R3 的正面

再看看 Arduino UNO R3 的背面，如图 5 - 17 所示。

下面介绍一下 Arduino 的驱动安装：首先把 Arduino UNO R3 通过数据线和电脑连接。正常情况下会提示驱动安装，这里是在 Windows10 上进行截图说明。Windows7 上安装也是没有问题的，道理一样。在设备管理器中找到该设备即可（见图 5 - 18）。

图 5 – 17　Arduino UNO R3 的背面

图 5 – 18　Windows10 设备管理器截图

5.4.4　Arduino 语言简介

Arduino 使用 C/C++ 编写程序，虽然 C++ 兼容 C 语言，但是，C 语言是一种面向过程的编程语言，C++ 是一种面向对象的编程语言[171]。早期的 Arduino 核心库使用 C 语言编写，后来引进了面向对象的思想。目前最新的 Arduino 核心库采用 C 与 C++ 混合编写而成[172]。通常人们说的 Arduino 语言，是指 Arduino 核心库文件提供的各种应用程序编程接口（Application Programming Interface，API）的集合。这些 API 是对更底层的单片机支持库进行二次封装所形成的。例如，使用 AVR 单片机的 Arduino 的核心库是对 AVR –

Libc（基于 GCC 的 AVR 支持库）的二次封装。

传统开发方式中，人们需要理清每个寄存器的意义及相互之间的关系，然后通过配置多个寄存器来达到目的。而在 Arduino 中，使用了清晰明了的 API 替代纷繁复杂的寄存器配置过程，例如下面两行代码：

```
pinMode(13,OUTPUT);
digitalWrite(13,HIGH);
```

其中，pinMode（13，OUTPUT）即是设置引脚的模式，这里设定了 13 号引脚为输出模式；而 digitalWrite（13，HIGH）是让 13 号引脚输出高电平数字信号。这些封装好的 API 使得程序中的语句更容易被理解，人们不用去理会单片机中那些繁杂的寄存器配置，就能直观地控制 Arduino。它在增强程序的可读性的同时，也提高了开发效率[173]。如果本书学习者使用过 C/C＋＋ 语言，就会发现 Arduino 的程序结构与传统的 C/C＋＋ 结构有所不同，那就是 Arduino 程序中没有 main 函数。

其实并不是 Arduino 没有 main 函数，而是 main 函数的定义隐藏在了 Arduino 的核心库文件中。Arduino 开发一般不直接操作 main 函数，而是使用 setup 和 loop 这两个函数。现在来看以下代码片段：

```
001        void setup()
002        {
003            // 在这里加入你的 setup 代码,它只会运行一次:
004        }
005        void loop()
006        {
007            // 在这里加入你的 loop 代码,它会不断重复运行:
008        }
009
```

Arduino 程序基本结构由 setup（）和 loop（）两个函数组成，Arduino 控制器通电或复位后，即会开始执行 setup（）函数中的程序，该部分只会执行一次。通常人们会在 setup（）函数中完成 Arduino 的初始化设置，如配置 I/O 口状态，初始化串口等操作[174]。

在 setup（）函数中的程序执行完以后，Arduino 会接着执行 loop（）函数中的程序，而 loop（）函数是一个死循环，其中的程序会不断地被重复运行[175]。通常人们会在 loop（）函数中完成程序的主要功能，如驱动各种模块、采集数据等。

5.4.5　C/C++语言基础

C/C++语言（C 是 C++的基础，C++语言和 C 语言在很多方面是兼容的。因此，掌握了 C 语言，再进一步学习 C++就能以一种熟悉的语法来学习面向对象的语言，从而达到事半功倍的目的）是国际上广泛流行的计算机高级语言[176-177]。绝大多数硬件开发工作均使用 C/C++语言进行，Arduino 也不例外。使用 Arduino 需要有一定的 C/C++基础，由于篇幅有限，本书仅对 C/C++语言基础进行简单的介绍。此后章节中还会穿插介绍一些特殊用法及编程技巧。

1. 数据类型

在 C/C++语言程序中，对所有的数据都必须指定其数据类型。数据有常量和变量之分。需要注意的是，在 Genuino 101 与 AVR 作为核心的 Arduino 中，其部分数据类型所占用的空间和取值范围有所不同[178]。

2. 变量

在程序中数值可变的量称为变量，其定义方法如下：

类型 变量名；

例如，定义一个整型变量 i：

int

人们可以在定义时为其赋值，也可以定义后再对其赋值，例如：

int i；

i = 95；和 int i = 95；

两者是等效的。

3. 常量

在程序运行过程中，其值不能改变的量称之为常量。常量可以是字符，也可以是数字，通常使用语句"const 类型 常量名 = 常量值"来定义常量。还可以用宏定义来达到相同的目的，语句如下：

#define 宏名 值

如在 Arduino 核心库中已定义的常数 PI，即：

#define PI 3.1415926535897932384626433832795

4. 整型

整型即整数类型。

5. 浮点型

浮点数也就是常说的实数。在 Arduino 中有 float 和 double 两种浮点类型，在 Genuino 101 中，float 类型占用 4 个字节（32 位）内存空间，double 类型占用 8 个字节（64 位）内存空间。

浮点型数据的运算速度较慢且可能会有精度丢失。通常人们会把浮点型转换为整型来处理相关运算。例如，人们通常会把 9.8 cm 换算为 98 mm 来计算。

6. 字符型

字符型即 char 类型，也是一种整型，占用一个字节内存空间，常用于存储字符变量。存储字符时，字符需要用单引号引用，如

```
char col ='C';
```

字符都是以整数形式储存在 char 类型变量中的，数值与字符的对应关系请参照相关 ASCII 码表。

7. 布尔型

布尔型变量即 boolean。它的值只有两个，即：false（假）和 true（真）。boolean 会占用 1 个字节的内存空间。

8. 运算符与表达式

C/C++ 语言中有多种类型的运算符，常见运算符见表 5－1。

表 5－1　常见的 C/C++ 运算符

运算符类型	运算符	说明
算术运算符	=	赋值
	+	加
	－	减
	*	乘
	/	除
	%	取模
比较运算符	==	等于
	!=	不等于
	<	小于
	>	大于
	<=	小于或等于
	>=	大于或等于
逻辑运算符	&&	逻辑与运算
	||	逻辑或运算
	!	逻辑非运算

通过运算符将运算对象连接起来的式子称之为表达式。如数组是由一组相同数据类型的数据构成的集合。数组概念的引入使得在处理多个相同类型的数

据时，程序更加清晰和简洁，其定义方式如下：

数据类型　数组名称［数组元素个数］；

如，定义一个有 5 个 int 型元素的数组：

int a[5];

如果要访问一个数组中的某一元素，需要将数组 a 中的第 1 个元素赋值为
1（需要注意的是数组下标是从 0 开始编号的）：你可以使用以上方法对数组赋
值，也可以在数组定义时对数组进行赋值。

9. 字符串

字符串的定义方式有两种：一种是以字符型数组方式定义，另一种是使用
string 类型定义。如

char 字符串名称[字符个数]；

使用字符型数组的方式定义，其使用方法和数组一致，有多少个字符便占
用多少个字节的存储空间。大多数情况下，人们使用 string 类型来定义字符串，
该类型中提供一些操作字符串的成员函数，使得字符串使用起来更为灵活。

如 string　字符串名称；

string　abc；

即可定义一个名为 abc 的字符串。你可以在定义时为其赋值，或在定义后
为其赋值，如

string abc ="Genuino 101"

相较于数组形式的定义方法，使用 string 类型定义字符串会占用更多的存
储空间。

10. 注释

/ * 与 * /之间的内容，及//之后的内容均为程序注释，使用它可以更好地
管理代码。注释不会被编译到程序中，不影响程序的运行。

为程序添加注释的方法有两种：

（1）单行注释：

//注释内容

（2）多行注释：

/ *

注释内容 1

注释内容 2

……

* /

11. 用流程图来表示你的程序

流程图是用一些图框来表示各种操作。用图形表示算法，直观形象，易于

仿蛛机器人的设计与制作

理解。特别是对于初学者来说，使用流程图能帮助更好地理清思路，从而顺利编写出相应的程序[179-181]。一些常用的流程图符号如图 5 - 19 所示。

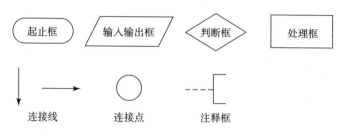

图 5 - 19　Arduino 里面用到的流程图符号

（1）顺序结构。

它是最基本、最简单的程序组织结构。在顺序结构中程序按语句先后顺序依次执行。一个程序或者一个函数整体上是一个顺序结构，它是由一系列的语句控制结构组成，这些语句与结构都按先后顺序运行。如图 5 - 20 所示，虚线框内是一个顺序结构，其中 A、B 两个框是顺序执行的。即在执行完 A 框中的操作后，接着会执行 B 框中的操作。顺序结构如图 5 - 20 所示。

（2）选择结构。

选择结构又称选取结构或分支结构。在编程中，经常需要根据当前数据做出判断，决定下一步的操作。例如，Arduino 可以通过温度传感器检测出环境温度，在程序中对温度做出判断。如果过高，就发出警报信号，这时便会用到选择结构。如图 5 - 21 所示，虚线框中是选择结构。该结构中包含一个判断框。根据判断框中的条件 p 是否成立，而选择执行 A 框或者 B 框里的操作。执行完 A 框或者 B 框里的操作后，都会经过 b 点，脱离该选择结构。

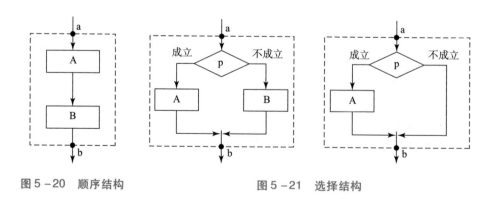

图 5 - 20　顺序结构　　　　　　图 5 - 21　选择结构

12. if 语句

if 语句是最常用的选择结构实现方式，当给定表达式为真时，就会运行其后的语句，其有三种结构：

（1）简单分支结构。

代码	
001	if(表达式)
002	{
003	语句；
004	}

（2）双分支结构。

双分支结构增加了一个 else 语句，当给定表达式结果为假时，便运行 else 后的语句。

代码	
001	if(表达式)
002	{
003	语句1；
004	}
005	else
006	{
007	语句2；
008	}

（3）多分支结构。

使用多个 if 语句，可以形成多分支结构，用以判断多种不同的情况。

代码	
001	if(表达式1)
002	{
003	语句1；
004	}
005	else if(表达式2)
006	{

007	语句 2;
008	}
009	else if(表达式 3)
010	{
011	语句 3;
012	}
013	else if(表达式 4)
014	{
015	语句 4;
016	}
017	……

13. switch…case 语句

处理比较复杂的问题时可能会存在有很多选择分支的情况，如果还使用 if…else 的结构来编写程序，会使程序显得冗长，且可读性差。此时可以使用 switch（其表达式可见图 5-22），其一般形式为：

代码	
001	switch(表达式)
002	{
003	case 常量表达式 1:
004	语句 1
005	break;
006	case 常量表达式 2:
007	语句 2
008	break;
009	case 常量表达式 3:
010	语句 3
011	break;
012	……
013	default:
014	语句 n
015	break;
016	}

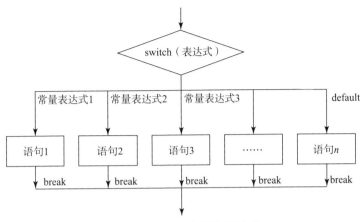

图 5 – 22 switch 语句表达式

需要注意的是，switch 后的表达式结果只能是整型或字符型。如果要使用其他类型，则必须使用 if 语句。switch 结构会将 switch 语句后的表达式与 case后的常量表达式进行比较，如果符合就运行常量表达式所对应的语句；如果都不相符，则会运行 default 后的语句，如果不存在 default 部分，程序将直接退出switch 结构。在进入 case 判断，并执行完相应程序后，一般要使用 break 退出switch 结构。如果没有使用 break 语句，程序则会一直执行到有 break 的位置退出或运行 switch 结构退出。

循环结构又称重复结构，即反复执行某一部分的操作。循环结构有两类，一类是当型循环结构，该循环结构会先判断给定条件，当给定条件 p1 不成立时，即从 b 点退出该结构；当 p1 成立时，执行 A 框操作，执行完 A 框操作后，再次判断条件 p1 是否成立，如此反复。一类是直到型循环结构，该循环结构会先执行 A 框操作，然后判断给定的条件 p2 是否成立，成立即从 b 点退出循环；不成立则返回该结构起始位置 a 点，重新执行 A 框操作，如此反复。循环结构如图 5 – 23 表示。

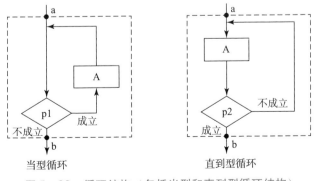

当型循环　　　　　　直到型循环

图 5 – 23　循环结构（包括当型和直到型循环结构）

14. while 循环

while 循环是一种当型循环。当满足一定条件后，才会执行循环中的语句，其一般形式为：

代码	
001	while(表达式)
002	{
003	语句；
004	}

在某些 Arduino 应用中，可能需要建立一个死循环（无限循环）。当 while 后的表达式永远为真或者为 1 时，便是一个死循环。

代码	
001	while(1)
002	{
003	语句；
004	}

15. do…while 循环

do…while 与 while 循环不同，是一种直到循环，它会一直循环到给定条件不成立时为止。它会先执行一次 do 语句后的循环体，再判断是否进行下一次循环。

代码	
001	do
002	{
003	语句；
004	}
005	while(表达式)；

16. for 循环

比较而言，for 循环比 while 循环更灵活，且应用广泛，它不仅适用于循环次数确定的情况，也适用于循环次数不确定的情况。while 和 do…while 都可以替换为 for 循环。一般形式为：

代码	
001	for(表达式1;表达式2;表达式3)
002	{
003	语句;
004	}

通常情况下，表达式 1 为 for 循环初始化语句，表达式 2 为判断语句，表达式 3 为增量语句。如

```
for(i = 0; i < 5; i ++){ }
```

表示初始值 i 为 0，当 i 小于 5 时运行循环体中的语句，每循环完一次，i 自动加 1，因此这个循环 5 次。for 循环流程图如图 5 – 24 所示。

在循环结构中，都有一个表达式用于判断是否进入循环。通常情况下，当该表达式结果为 false（假）时，会结束循环。有时候需要提前结束循环，或是已经达到了一定条件，可以跳过本次循环余下的语句，那么可以使用循环控制语句 break 和 continue。break 语句只能用于 switch 多分支选择结构和循环结构中，使用它可以终止当前的选择结构或者循环结构，使程序转到后续语句运行。break 一般会搭配 if 语句使用。一般形式为：

```
if(表达式)
{
break;
}
```

continue 语句用于跳过本次循环中剩下的语句，并判断是否开始下一次循环。同样，continue 一般搭配 if 语句使用，一般形式为：

```
if(表达式)
{
continue;
}
```

在编写程序前，可以先画出流程图，帮助理清思路。用流程图可表示为图 5 – 25 所示形式。

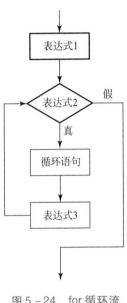

图 5 – 24　for 循环流程图

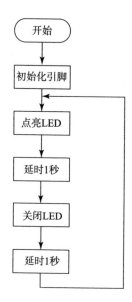

图 5 – 25　实现 LED 灯交替闪烁的流程图

5.4.6　Arduino 对舵机的控制

1. servo 类成员函数列表

表 5 – 2 所示为 servo 类成员函数列表，有助于人们了解采用 Arduino 进行舵机控制的方法与过程。

表 5 – 2　servo 类成员函数

函数	说明
attach（）	设定舵机的接口，只有 9 或 10 接口可利用
write（）	用于设定舵机旋转角度的语句，可设定的角度范围是 0°~180°
writeMicroseconds（）	用于设定舵机旋转角度的语句，直接用微秒作为参数
read（）	用于读取舵机角度的语句，可理解为读取最后一条 write（）命令中的值
attached（）	判断舵机参数是否已发送到舵机所在接口
detach（）	使舵机与其接口分离，该接口（9 或 10）可继续被用作 PWM 接口

2. Arduino 舵机实现代码

```
// Sweep
// by BARRAGAN <http://barraganstudio.com>
```

```
// This example code is in the public domain.
#include <Servo.h>
Servo myservo;                              // 建立一个舵机控制对象
int pos = 0;                                // 定义存储舵机位置的变量
void setup()
{
myservo.attach(9);                          // 将舵机对象与 Arduino 板的 9 号引脚相连
}
void loop()
{
for(pos = 0; pos < 180; pos += 1)           // 让舵机从 0°转到 180°
myservo.write(pos);                         // 让舵机转到某一个角度位置
delay(15);                                  // 等待 15 ms,让舵机到达该位置
  }
for(pos = 180; pos >= 1; pos -= 1)          // 让舵机从 180°转到 0°
  {
  myservo.write(pos);                       // 让舵机转到某一角度位置
  delay(15);                                // 等待 15 ms,让舵机到达该位置
}
```

3. Arduino 舵机连接图

图 5 - 26 所示为 Arduino 与舵机连接实物图，其中，棕色线接舵机 GND，红色线接 VCC，橙色线接 Signal。图 5 - 27 所示为 Arduino 与舵机连接线路图，其中，黑色线接舵机 GND，红色线接 VCC，黄色线接 Signal。

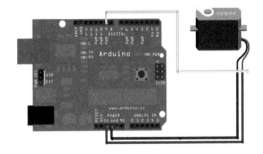

图 5 - 26　Arduino 与舵机连接实物图　　　图 5 - 27　Arduino 与舵机连接线路图

5.4.7　Arduino 对蓝牙模块通信的控制

首先看一下新入手的蓝牙模块（型号为 HC - 06），其正、背面如图 5 - 28 和图 5 - 29 所示。

1. 蓝牙参数特点

（1）蓝牙核心模块使用的是 HC - 06 模块，引出接口包括 VCC、GND、TXD、RXD，预留 LED 状态输出引脚，单片机可通过该引脚状态判断蓝牙是否

图 5-28　蓝牙模块正面

图 5-29　蓝牙模块背面

已经连接[182]；

（2）LED 指示蓝牙连接状态，闪烁表示没有蓝牙连接，常亮表示蓝牙已连接并打开了端口；

（3）输入电压 3.6~6 V，未配对时电流约为 30 mA，配对后约为 10 mA，输入电压禁止超过 7 V；

（4）可以直接连接各种单片机（51、AVR、PIC、ARM、MSP430 等），5 V 单片机也可直接连接；

（5）在未建立蓝牙连接时支持通过 AT 指令设置比特率、名称、配对密码，设置的参数掉电保存，蓝牙连接以后自动切换到透传模式；

（6）体积为 3.57 cm × 1.52 cm × 0.1 cm；

（7）该蓝牙为从机，从机能与各种带蓝牙功能的电脑、蓝牙主机、大部分带蓝牙的手机、PDA、PSP 等智能终端配对，从机之间不能配对。

2. Arduino 与蓝牙模块的连接方法

（1）蓝牙模块上的 VCC 接 Arduino 上的 5 V 电源接口；

（2）蓝牙模块上的 GND 接 Arduino 上的 GND；

（3）蓝牙模块上的 TXD（发送端，一般表示为自己的发送端）接 Arduino 上的 RX。

（4）蓝牙模块上的 RXD（接收端，一般表示为自己的接收端）接 Arduino 上的 TX[183]。正常通信时，蓝牙模块本身的 TXD 永远接设备的 RXD！正常通信时 RXD 接其他设备的 TXD。

（5）自收自发。顾名思义，就是自己接收自己发送的数据，即自身的 TXD 直接连接到 RXD，用来测试本身的发送和接收是否正常，是最快、最简单的测试方法，当出现问题时首先做该测试，以确定产品是否出现故障。

线连接完毕，检验无误后，再给 Arduino 上电，蓝牙指示灯如闪烁不停，表明设备没有连接上。如果 LED 常亮（见图 5 - 30），就表示蓝牙模块已经和设备连接上了。

调试 Arduino 的源代码如下：

```
void setup()
{
serial.begin(9600);
}
void loop()
{
  while(serial.available())
   {
     char c = serial.read();
       if(c == 'A')
       {
         serial.println("Hello I am amarino");
       }
   }
}
```

将代码复制粘贴到 IDE，烧录程序到 Arduino，如图 5 - 31 所示。

图 5 - 30　Arduino 板和蓝牙模块相连

图 5 - 31　烧录程序界面图

现在来进行 Arduino 蓝牙模块与 Android 通信的实现，首先下载 Android 的蓝牙管理软件 Amarino；安装上 Amarino 后，启动 Android 的蓝牙模块，打开 Amarino 客户端，其相关界面如图 5 - 32 所示。在左下角 Add BT Device 中就能找到蓝牙的名字，其情况可见图 5 - 33。

图 5 - 32　打开 Amarino 客户端

图 5 - 33　Add BT Device 中蓝牙名字

在单击 connect 后，会弹出输入 PIN 的弹框，蓝牙默认 PIN 为 1234。图 5 - 34 为连接成功后的界面图。

单击 Monitoring，可以看到蓝牙的连接信息如图 5 - 35 所示。连接成功之后，就要看数据发送是否正常，这里直接单击图 5 - 36 中 Send 就可以实现发送。

图 5 - 34　连接成功后的界面图

图 5 - 35　蓝牙连接信息图

参考 Arduino 代码，当 Arduino 接收到 A 符号时，就会在 COM 输出对应内容，表明蓝牙通信正常，如图 5－37 所示。

图 5－36　单击 Send 后的界面截图

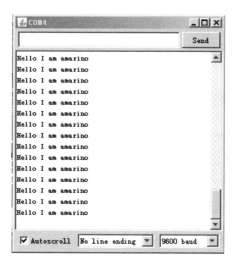

图 5－37　COM 输出内容截图

Arduino 还可以使用手柄进行控制，通过手柄给 Arduino 板发送各个指令，无线手柄接收器和 Arduino 板相连，其连接情况可见图 5－38。

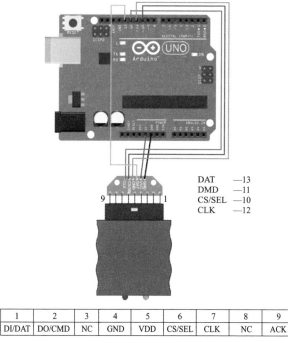

DAT　—13
DMD　—11
CS/SEL　—10
CLK　—12

1	2	3	4	5	6	7	8	9
DI/DAT	DO/CMD	NC	GND	VDD	CS/SEL	CLK	NC	ACK

图 5－38　Arduino 手柄通信接线示意图

5.4.8 图形化编程简介

Arduino 是一款开源的硬件平台，具有丰富的 IO 功能，因而得到了很多人的喜爱。Arduino 有一款插件 ArduBlock 可以进行图形化编程，和 MIT 的 App Inventor 有点类似，如图 5 – 39 所示。

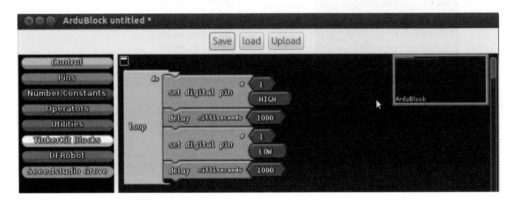

图 5 – 39　Arduino 插件界面图

安装 ArduBlock 的步骤十分简单，如下所述：

（1）首先确认你已经安装了 Arduino，因为 ArduBlock 必须依赖 Arduino；

（2）接下来下载 ArduBlock，可以从 http://pan. baidu. com/s/1ADaeU 中下载；

（3）转到 sketchbook 目录下面，如果不知道 sketchbook 目录在哪里，可以通过 File→Preference 查看一下 sketchbook 的目录；

（4）在 sketchbook 目录下面建立子目录：

mkdir – p tools/ArduBlockTool/tool

（5）将下载好的 ardublock – all. jar 复制到创建的文件目录下：

cp .. /Downloads/ardublock. jar tools/ArduBlockTool/tool/

（6）打开 Arduino IDE，选择 Tools→ArduBlock 就可以了。

5.4.9 DFRduino Player MP3 语音播放模块的使用

DFRduino Player MP3 模块外观如图 5 – 40 所示。

1. 概述

引入 DFRduino Player MP3 语音播放模块（见图 5 – 41）的初衷是为了让机器人会说话[1]。如果机器人能与人进行交流或互动，那么机器人就会显得更有智能，同时也能增加不少的趣味性。

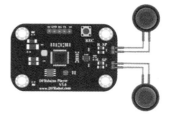

图 5 – 40　DFRduino Player MP3
模块外观

图 5 – 41　DFRduino Player MP3 语音
播放模块

DFRduino Player V3.0 改为硬编解码芯片，增加了录音功能，支持中文 TTS 语音合成及更多指令，它的 SD 卡的兼容性也更强，市面上常见的 32GB 及以下的 SD 卡都可兼容。

DFRduino Player MP3 语音播放模块具有立体声输出，可与有源音箱连接；还有 2 路功放输出，每路最大 3 W，可直接接喇叭；通过一个专用 MP3 编解码芯片进行处理，完全不占用 Arduino 或其他控制器上的资源，只需将语音文件放在 SD 卡中，Arduino 或其他控制器便可以实现播放。

DFRduino Player MP3 语音播放模块也可以实现录音到 SD 卡中，还提供一个播放完毕提示端口，当播放完一首歌曲后，OUT 会输出一个高脉冲。

2. 技术规格

DFRduino Player MP3 语音播放模块的具体技术参数如下：

（1）工作电压：5 V；

（2）工作电流：大于 200 mA（带负载时）；

（3）驱动负载：建议 4 Ω 或 8 Ω（扬声器内阻）；

（4）输出功率：每路最大 3 W（4 Ω 内阻扬声器）；

（5）存储卡：完全支持 FAT16、FAT32 文件系统，最大支持 32 GB 的 TF 卡；

（6）支持格式：支持 WAV、MP3 这两种文件格式；

（7）通信格式：19 200 bit/s，格式 8N1；

（8）模块尺寸：52 mm × 37 mm；

（9）模块重量：30 g；

（10）模块接口：串口排针接口。

3. 解释说明

（1）要保证电源电压为 +5 V，电流最好大于 1 000 mA，如果电流不够需要将音量调小或者使用单个喇叭播放；

（2）GND 是电源地；

（3）RX 是串口数据接收端；

（4）TX 是串口数据发送端；

（5）OUT 语音结束中断输出，当语音结束时输出一个 1 ms 低电平；

（6）扬声器接口：L_SP 是左声道；R_SP 是右声道；

（7）红色指示灯是电源指示灯；

（8）绿色指示灯在初始化成功后将长亮；如果 SD 卡未插好或 SD 是坏的，绿色指示灯将一直闪烁，同时串口会输出 Plese check micro SD card\r\n 提示。

4. 模块通信协议

（1）串口模式，比特率为 19 200 bit/s，格式为 8N1；

（2）通信指令使用字符串形式，\r\n 表示回车换行符，发送命令后有字符串形式的返回值。

5. 使用教程

（1）按键录音机的使用。

①将 SD 卡插到 SD 卡插槽中；

②为模块供电；

③按住 REC 按钮不放，对着麦克风说话，说完后松开 REC 按钮；

④录音文件将存放在 RECORD 目录下，文件名为 RECxxx. mp3。

（2）简易录音机的使用。

①目标：实现录制 MP3 文件到 SD 卡中。

②所需硬件清单如下：

a. DF_UNO 一个；

b. ADKeyboard 一块；

c. 语音播放模块一个；

d. micro SD 卡读写器一个；

e. 杜邦线五条；

f. Arduino IDE 软件。

③操作步骤。

a. 在电脑上先将 SD 卡格式化为 FAT 格式，音频文件放在根目录下；

b. 将 SD 卡插入模块内；

c. 打开 Arduino IDE；

d. 将下面的代码上传到 UNO（注意：UNO 只有一个串口，因此程序下载和 DFRduino Player 模块不能同时使用）；

　　e. 按图 5 – 42 所示连接图进行连线，并对 UNO 进行供电（建议使用外部电源）；

　　f. 按下按钮实现相应功能，例如：按下 S1，开始录音；按下 S2，结束录音。

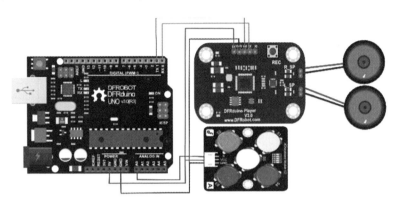

图 5 – 42　Arduino 板和录音机、MP3 的连线

以上功能的实现步骤写成代码如下：

```
//使用命令完成录音
//\:r\r\n 开始录音指令
//\:e\r\n 结束录音指令
//////////////////////////////////////////////////
//串口接线方式
//Arduino        MP3
//TX             RX
//RX             TX
//5V             +5 V
//GND            GND

int adc_key_val[5] = {600,650,700,800,950 };
  int NUM_KEYS = 5;
  int adc_key_in;
  int key = -1;
  int oldkey = -1;

  void setup()
{
```

```
    serial.begin(19200);
    delay(2000);                    // 等待2000ms 去初始化
    serial.println("\\:v 200");   // 设定阈值,范围从 0 到 25 s
    delay(50);
}

void loop()
{
    adc_key_in = analogRead(0);      // 从模拟口引脚 0 读取传感器
                                     //   的值

    key = get_key(adc_key_in);       // 转换成按键信号输入

    if(key ! =oldkey)                // 如果按键按下被检测到
    {
    delay(50);                       // 延时 50ms
    adc_key_in = analogRead(0);      // 从传感器读取值
    key = get_key(adc_key_in);       // 转换成按键信号输入
    if(key ! =oldkey)
    {
      oldkey = key;
      if(key >=0){
        switch(key)
        {
          case 0:
              serial.println("\\:r");    // 开始录音
              break;
          case 1:
              serial.println("\\:e");    // 结束录音
              break;
          default:
              break;
        }
      }
    }
```

```
    }
    delay(100);
}

// Convert ADC value to key number
int get_key(unsigned int input)
{
    int k;

    for(k =0; k < NUM_KEYS; k ++)
    {
      if(input < adc_key_val[k])
      {
          return k;
      }
    }
    if(k >= NUM_KEYS) k = -1;   // No valid key pressed
    return k;
}
```

（3）简易播放器的使用。

①目标：实现播放、暂停、下一首、上一首功能。

②所需硬件清单如下：

a. DF_ UNO1 一个；

b. 扬声器二个；

c. ADKeyboard 一块；

d. 本模块一个；

e. micro SD 卡读写器一个；

f. 杜邦线五条；

g. Arduino IDE 软件。

按连接图 5 –42 进行连线，并对 UNO 进行供电，建议使用外部电源。在电脑上先将 SD 卡格式化为 FAT 格式，再将音频文件放在根目录下。此后，将 SD 卡插入模块内，然后打开 Arduino IDE，最后将下面的代码上传到 UNO（注意：UNO 只有一个串口，因此程序下载和 DFRduino Player 模块不能同时使用）。

按下按钮实现相应功能。例如按下 S1，实现暂停；按下 S2，继续播放；按下 S3，播放上一首；按下 S4，播放下一首；按下 S5，播放指定歌曲（由程序指定)。

以上功能的实现步骤和程序如下:

```
/////////////////////////////////////////////////////
//将音频文件放在根目录下,支持 WAV、MP3 这两种文件格式
//电压 5 V,电流保证有 1000 mA,如果电流不够需要将音量调小或者使用
  单个喇叭
//指示灯的功能:
//      等待初始化成功后将长亮,如果 SD 卡未插好将一直闪烁,同时
//      如果是串口模块将输出 Plese check micro SD card\r\n
///////////////////////////串口通信方式//////////////////////
// 播放音频:语音文件名称\r\n 播放相应名称的歌曲,如果找到歌曲播放
  正确将返回 Play ok\r\n
// 如果失败返回 Not found\r\n;如果播放完毕返回 over\r\n(\r\n
  表示回车换行)
// 语音文件名称不超过 8 个英文字母,4 个中文。
// 暂停播放\\:p\r\n   成功返回 pause\r\n
// 继续播放\\:s\r\n   成功返回 start\r\n
// 播放下一首\\:n\r\n   成功返回 next\r\n,失败返回 false\r\n
// 播放上一首\\:u\r\n   成功返回 key up\r\n
// 音量设置\\:v 255\r\n,设置音量大小 数字 0-255 数字越大音量越
  大,成功返回 Play end\r\n
/////////////////////////////////////////////////////

//串口接线方式
//Arduino————————MP3
//TX——————————RX
//RX——————————TX
//5V——————————+5 V
//GND————————— GND

int adc_key_val[5]={600,650,700,800,950 };
int NUM_KEYS =5;
int adc_key_in;
int key = -1;
int oldkey = -1;
```

```
void setup()
{
  Serial.begin(19200);
  delay(2000);
  Serial.println("\\:v 200");
  delay(50);
}

void loop()
{
  adc_key_in = analogRead(0);
  key = get_key(adc_key_in);
  if(key ! = oldkey)
    {
    delay(50);
    adc_key_in = analogRead(0);
    key = get_key(adc_key_in);
    if(key ! = oldkey)
    {
      oldkey = key;
      if(key >= 0){
        switch(key)
        {
            case 0:
                Serial.println("\\:p");
                break;
            case 1:
                Serial.println("\\:s");
                break;
            case 2:
                Serial.println("\\:n");
                break;
            case 3:
                Serial.println("\\:u");
```

```
                    break;
            case 4:    //Play specified song
                    Serial.println("\\YOURS.mp3");
                    break;
        }
    }
  }
}
  delay(100);
}


// Convert ADC value to key number
int get_key(unsigned int input)
{
    int k;

    for(k = 0; k < NUM_KEYS; k ++)
    {
      if(input < adc_key_val[k])
      {
          return k;
      }
    }
    if(k >= NUM_KEYS)k = -1;
    return k;
}
```

5.4.10 Arduino 颜色传感器：颜色识别挥手传感器模块

颜色传感器可以作为各种开关的触发装置，来帮助人们实现智能控制，在国民经济建设领域有着广阔的应用市场。

在众多的颜色传感器中，有一种名为"颜色识别挥手传感器模块"的器件十分特别，它除了是一款名副其实的颜色传感器以外，还是一个光强传感器，可以分辨 RGB 三基色的各类组合。

该模块采用了 APDS - 9960 传感器，集成了 RGB、环境光、近程和手势传感器模块[185]。I^2C 接口保证了它的可使用性；近程和手势检测配有红外 LED；

RGB 和环境光检测功能可使其在多种光条件下（通过多种减振材料）检测出光强度。此外，它还集成了 UV – IR 遮光滤光片，可实现精准的环境光和相关色温检测，确实是一款功能强劲、性能优异的传感器。

技术规格如下：

（1）工作电压：3.3 ~ 5 V；

（2）检测距离：100 mm；

（3）引脚接口：I^2C 接口、中断引脚；

（4）模块尺寸：18.3 mm × 16.4 mm。

颜色识别挥手传感器模块正反面情况如图 5 – 43 所示。

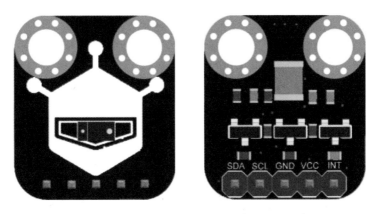

图 5 – 43 颜色识别挥手传感器模块正反面示意图

颜色识别挥手传感器模块的接口情况如表 5 – 3 所示。

表 5 – 3 颜色识别挥手传感器模块接口示意图

名称	功能描述
SDA	I^2C 数据端口（A4）（模拟口 4）
SCL	I^2C 时钟端口（模拟口 5）
GND	电源地
VCC	电源正
INT	中断输出

下面简单举例，讲授如何使用传感器的手势识别功能，目标就是让传感器检测到手势上下、左右、前后的挥动。

本次实验将用到 DF_UNO 一个，DF_IO 传感器扩展板一块，RGB 手势识别传感器一个，杜邦线五条。准备好硬件后，将模块与 UNO 连接好，具体的接线图如图 5 – 44 所示。

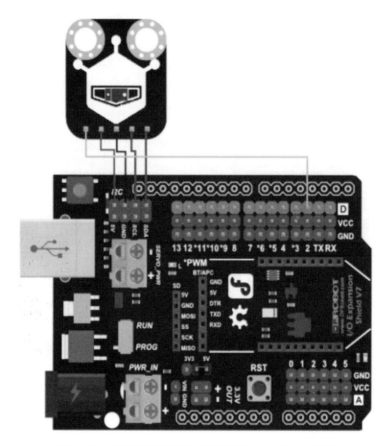

图 5 – 44　颜色识别挥手传感器模块和 Arduino 的接线

实现上述功能的程序如下：

```
#include <Wire.h>
#include <SparkFun_APDS9960.h>

// Pins
#define APDS9960_INT    2 // Needs to be an interrupt pin

// Constants

// Global Variables
SparkFun_APDS9960 apds = SparkFun_APDS9960();
```

```
int isr_flag = 0;

void setup() {

    // Initialize Serial port
    Serial.begin(9600);
    Serial.println();
    Serial.println(F("- - - - - - - - - - - - - - - - - - -"));
    Serial.println(F("SparkFun APDS - 9960 - Ges-
tureTest"));
    Serial.println(F("- - - - - - - - - - - - - - - - - -"));

    // Initialize interrupt service routine
    attachInterrupt(0, interruptRoutine, FALLING);

    // Initialize APDS - 9960 (configure I2C and initial values)
    if(apds.init()) {
        Serial.println(F("APDS - 9960 initialization com-
plete"));
    } else {
        Serial.println(F("Something went wrong during APDS -
9960 init!"));
    }

    // Start running the APDS - 9960 gesture sensor engine
    if(apds.enableGestureSensor(true)) {
        Serial.println(F("Gesture sensor is now running"));
    } else {
        Serial.println(F("Something went wrong during gesture
sensor init!"));
    }
}

void loop() {
    if(isr_flag == 1) {
```

```
    handleGesture();
    isr_flag=0;
  }
}

void interruptRoutine(){
  isr_flag=1;
}

void handleGesture(){
    if(apds.isGestureAvailable()){
    switch(apds.readGesture()){
      case DIR_UP:
        Serial.println("UP");
        break;
      case DIR_DOWN:
        Serial.println("DOWN");
        break;
      case DIR_LEFT:
        Serial.println("LEFT");
        break;
      case DIR_RIGHT:
        Serial.println("RIGHT");
        break;
      case DIR_NEAR:
        Serial.println("NEAR");
        break;
      case DIR_FAR:
        Serial.println("FAR");
        break;
      default:
        Serial.println("NONE");
    }
  }
}
```

5.5 机器人通信技术

5.5.1 蓝牙无线通信技术

1. 蓝牙无线通信的工作原理

蓝牙（Bluetooth）是一种开放式、低成本、短距离无线连接技术规范的代称，主要用于传送语音和数据。蓝牙技术作为一种便携式电子设备和固定式电子设备之间替代电缆连接的短距离无线通信的标准，具有工作稳定、设备简单、价格便宜、功率较低、对人体危害较小等特点[186]。它强调的是全球性的统一运作，其工作频率定在 2.45 GHz 这个频段，该频段是向工业生产、科学研究、医疗服务等大众领域都共同开放的，数据速率为 1 Mb/s，每个时隙宽度为 625 μs，采用时分双工（TDD）方式和高斯频移键控（GFSK）调制方式。蓝牙技术支持一个异步数据信道、三个并发的同步语音信道或一个同时传送异步数据和同步话音的信道。每一个话音信道支持 64 kb/s 的同步语音；异步信道支持最大速率为 57.6 kb/s 的非对称连接，或者是 432 kb/s 的对称连接。系统采用跳频技术抵抗信号衰落，使用快跳频和短分组技术减少同频干扰来保证传输的可靠性，并采用前向纠错（FEC）技术来减少远距离传输时的随机噪声影响。

蓝牙网络的基本单元是微微网，它可以同时最多支持 8 个电子设备，其中发起通信的那个设备称为主设备，其他设备称为从设备。一组相互独立、以特定方式连接在一起的微微网构成分布式网络，各微微网通过使用不同的调频序列来区分。蓝牙技术支持多种类型的业务，包括声音和数据，为将来的电器设备提供联网和数据传输的功能，它将使来自各个设备制造商的设备能以同样的"语言"进行交流，这种"语言"可以认为是一种虚拟的电缆。蓝牙的一般传输距离是 10 cm 到 10 m，如果提高功率的话，其传输距离则可扩大到 100 m。

2. 蓝牙无线通信的使用方式及技术特点

蓝牙技术的一个很大优势在于它应用了全球统一的频率设定，消除了"国界"的障碍，而在蜂窝式移动电话领域，这种障碍已经困扰用户多年[187]。另外，蓝牙技术使用的频段是对所有无线电系统都开放的频段，因此使用时可能会遇到不可预测的干扰源，例如某些家电设备、无绳电话、微波炉等，都可能是干扰源。为此蓝牙技术特别设计了快速确认和跳频方案以确保链路能够稳定工作。跳频技术是把频带分成若干个跳频信道，在一次连接中，无线电收发器按一定的码序列不断地从一个信道跳到另一个信道，只有收发双方都按这个规律通信，而其他的干扰源不可能按同样的规律进行干扰。跳频的瞬时带宽很窄，但通过扩展频谱技术可将这个窄带成倍的扩展，使之变成宽频带，从而使可能干扰的影响变得很小。与其他工作在相同频段的系统相比，蓝牙跳频更快，数据包更短，这使蓝牙技术系统比其他系统工作更加稳定。

目前，蓝牙技术主要以满足美国联邦通信委员会（FCC）的要求为目标，对于其他国家的应用需求还要做一些适应性调整。蓝牙 1.0 规范已公布的主要技术指标和系统参数如表 5－4 所示。

表 5－4　蓝牙技术指标和系统参数

工作频段	ISM 频段：2.402～2.480 GHz
双工方式	全双工，TDD 时分双工
业务类型	支持电路交换和分组交换业务
数据速率	1 Mb/s
非同步信道速率	非对称连接 721 kb/s、57.6 kb/s、432.6 kb/s
同步信道速率	64 kb/s
功率	美国 FCC 要求小于 1 mW，其他国家可扩展为 100 mW
跳频频率数	79 个频点/MHz
跳频速率	1 600 次/s
工作模式	PARK/HOLD/SNIFF（停等/保持/呼吸）
数据连接方式	面向连接业务 SCO，无连接业务 ACL
纠错方式	1/3FEC，2/3FEC，ARQ（自动重传请求）
鉴权	采用反逻辑算术
信道加密	采用 0 位、40 位、60 位加密字符
语音编码方式	连续可变斜率调制
发射距离	一般可达 10 m，增加功率情况下可达 100 m

3. 蓝牙无线通信的信息处理

蓝牙协议体系结构主要包括蓝牙核心协议（基带、LMP、L2CAP、SDP）、串口仿真协议（RFCOMM）、电话传送控制协议（TCS），以及可选协议（PPP、TCP/IP、OBEX、WAP、IrMC）等[188]。为了使远程设备上的应用程序能够实现互操作功能，SIG（蓝牙技术联盟）为蓝牙应用模型定义了完整的协议栈，如图 5 – 45 所示。

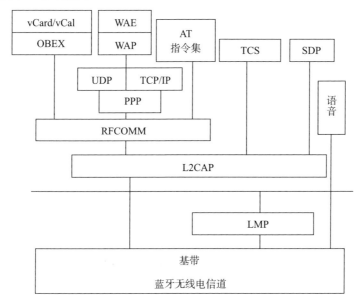

图 5 –45　蓝牙协议栈示意图

　　需要指出的是，并不是所有的应用程序都要利用全部协议。相反，应用程序往往只利用协议栈中的某些部分，并且协议栈中的某些附加垂直协议子集恰恰是用于支持主要应用的服务。蓝牙技术规范的开放性保证了设备制造商可以自由地选用其专利协议或常用的公共协议，在蓝牙技术规范的基础上开发新的应用。

　　蓝牙技术规范包括协议和应用规范两个部分。卷 1 为核心部分，用以规定诸如射频、基带、连接管理、业务搜寻、传输层以及与不同通信协议间的互用、互操作性等组件；卷 2 为协议子集部分，用以规定不同蓝牙应用（也称应用模式）所需的协议和过程。核心协议定义了各功能元素（如串口仿真协议、逻辑链路控制和适配协议等）各自的工作方式，而应用规范则阐述了为了实现一个特定的应用模型，各层协议间的运转协同机制。

　　蓝牙规范的协议栈仍采用分层结构，分别完成数据流的过滤和传输、跳频和数据帧传输、连接的建立和释放、链路的控制、数据的拆装、业务质量（QOS）、协议的复用和分用等功能。在设计协议栈时，特别是设计高层协议时，采用的原则就是最大限度地重用现有的协议，而且其高层应用协议（协议栈的垂直层）都是采用公共的数据链路和物理层。

　　蓝牙规范的核心部分是其协议栈。这个协议栈允许多个设备进行相互定位、连接和交换数据，并能实现互操作和交互式的应用。协议栈的各种单元（协议、层、应用等）在逻辑上被分为三组：

　　（1）传输协议组。该协议组包含的协议主要用于使蓝牙设备能确认彼此的相互位置，并能创建、配置和管理物理以及逻辑的链路，以使高层协议和应用经这些链路利用传输协议来传输数据。协议组包括射频、基带、链路管理协议、逻辑链路控制和自适应协议，以及主机控制器接口协议。

（2）中间件协议组。为了在蓝牙链路上运行已有的和新出现的应用，该协议组由另外的一些传送协议构成。它不仅包括第三方和业内的一些标准协议，而且还包括 SIG 特别为蓝牙无线通信而制定的一些协议。前者包括与 Internet 有关的协议（PPP、IP 和 TCP 等）、无线应用协议（WAP）和 IrDA 及类似组织采用的对象交换协议，等等。后者包括三个专为蓝牙通信而制定的协议，以使种类繁多的应用能在蓝牙链路上运行。

（3）应用组。该协议组包含使用蓝牙链路的实际应用。包括通用协议子集，电话协议子集，串口和对象交换协议子集，联网协议子集等，目前共定义了 13 种协议子集。这些应用被 SIG 统一收录在蓝牙协议子集内。

基于蓝牙技术的应用成果非常丰富，图 5 – 46 和图 5 – 47 展示了蓝牙技术的一些应用实例。

图 5 –46　基于蓝牙技术的
环境智能管理系统

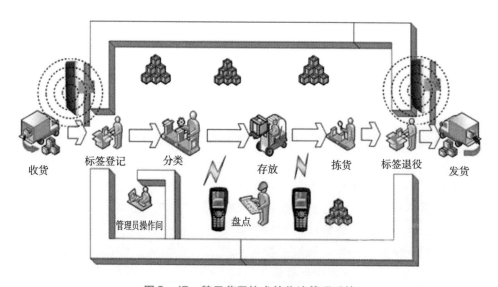

图 5 –47　基于蓝牙技术的物流管理系统

5.5.2 超宽带无线通信技术

1. 超宽带无线通信的工作原理

无线通信技术是当前发展最快、活力最大的技术领域之一。这个领域中的各种新技术、新方法层出不穷。其中，超宽带（Ultra Wide Band，UWB）无线通信技术是在 20 世纪 90 年代以后发展起来的一种具有巨大发展潜力的新型无线通信技术，被列为未来通信的十大技术之一[189]。

随着无线通信技术的发展，人们对高速短距离无线通信的要求越来越高。UWB 技术的出现，实现了短距离内超宽带、高速的数据传输。其调制方式和多址技术的特点使得它具有其他无线通信技术所无法具有的一些优点，比如很宽的带宽、很高的数据传输速度，加上功耗低、安全性能高等特点，使之成为无线通信领域的宠儿[90]。

UWB 是指信号带宽大于 500 MHz 或者是信号带宽与中心频率之比大于 25%。与常见的无线电通信方式使用连续的载波不同，UWB 采用极短的脉冲信号来传送信息，通常每个脉冲持续的时间只有几十皮秒到几纳秒的时间[190]。这些脉冲所占用的带宽甚至高达几 GHz，因此其最大数据传输速率可高达几百 Mb/s。在高速通信的同时，UWB 设备的发射功率却很小，仅仅是现有设备的几百分之一，对于普通的非超宽带接收机来说近似于噪声。从理论上讲，UWB 可以与现有无线电设备共享带宽。所以，UWB 是一种高速而又低功耗的数据通信方式，有望在无线通信领域得到广泛的应用。

TM – UWB（时间调制超宽带）最基本的单元是单脉冲小波，如图 5 – 48 所示，它是由高斯函数在时域中推导得出的，其中心频率和带宽依赖于单脉冲的宽度[191]。实际上，空间频谱是由发射天线的带宽和暂时响应特性决定的，时域编码、时域调制系统采用长序列单脉冲小波来进行通信，数据调制和信道分配是通过改变脉冲和脉冲之间的时间间隔进行的。另外，数据编码也可以通过脉冲的极性进行。

脉冲的发送如果以固定的间隔进行时，结果会导致频谱中包含一种不希望见到的由脉冲重复率分割的"梳状线"，而且梳状线的峰值功率将会限制总的传输功率。因此，为了平滑频谱，使频谱更接近噪声，而且能够提供信道选择，单脉冲利用伪噪声（PN）序列进行时域加扰，即在等于平均脉冲重复率的倒数时间间隔内，在 3 ns 精度内加载单脉冲，如图 5 – 49 所示，这是一个小波序列，或称为 PN 时域编码的"脉冲"串。

TM – UWB 系统通过脉冲位置进行调制，或通过脉冲的极性来进行调制。脉冲位置调制是在相对标准 PN 编码位置提前或晚 1/4 周期的位置上放置脉冲。调制进一步平滑了信号的频谱，使得系统更不容易被检测到，增加了隐蔽性。

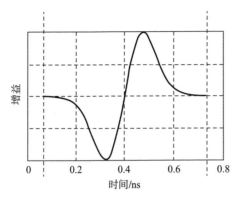

图 5 –48　时域内的单脉冲小波

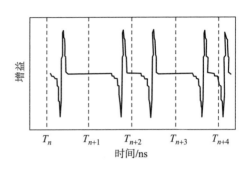

图 5 –49　时域内 PN 时域编码单脉冲小波序列

2. 超宽带无线通信的使用方式及技术特点

图 5 – 50 中显示了 TM – UWB 发射器的结构组成示意图。从图中可以发现 TM – UWB 发射器并不包含功率放大器，替代它的是一个脉冲生成器，它根据要求按一定的功率发射脉冲。可编程时延实现了 PN 时域编码和时域调制。另外，系统中的调制也可以用脉冲极性来实现。定时器的性能不仅能够影响到精确的时间调制和精确的 PN 编码，而且还会影响到精确的距离定位，是 TM – UWB 系统的关键技术。

如图 5 – 51 所示，TM – UWB 接收器把接收到的射频信号经放大后直接送到前端交叉相关器处理，相关器将收到的电磁脉冲序列直接转变为基带数字或模拟输出信号，没有中间频率范围，因而极大地减小了复杂度。TM – UWB 接收器的一个重要特点就是它的工作步骤相对简单，没有功放、混频器等，制作成本低，可以实现全数字化，采用软件无线电技术，还可实现动态调整数据速率、功耗等。

UWB 技术相比其他通信技术还具有如下的技术特点：

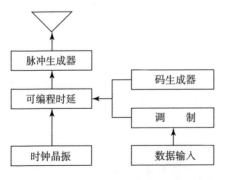

图 5 –50　TM – UWB 发射器组成示意图

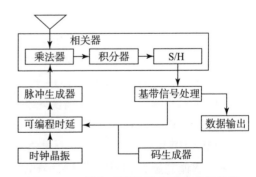

图 5 –51　TM – UWB 接收器组成示意图

（1）隐蔽性。

无线电波在空间传播时的"公升性"是无线通信方式较之有线通信方式的"先天不足"。UWB 无线通信发射的是占空比很低的窄脉冲信号，脉冲宽度通常在 1 ns 以下，射频带宽可达 1 GHz 以上，所需平均功率很小，信号被隐蔽在环境噪声和其他信号中，难以被敌方检测。这是 UWB 较常规无线通信方式最为突出的特点[192]。

（2）简单性。

这里所说的简单性是指 UWB 无线通信的系统结构十分简单，常规无线通信技术使用的通信载波是连续的电波，载波的频率和功率在一定范围内变化，从而利用载波的状态变化来传输信息[193]。而 UWB 则不使用载波，它通过发送纳秒级脉冲来传输数据信号。UWB 发射器直接用小型脉冲进行激励，不需要传统收发器所需要的上变频，从而不需要放大器与混频器，因此，UWB 允许采用非常低廉的宽频发射器。同时在接收端，UWB 的接收器也有别于传统的接收器，不需要中频处理，因此 UWB 系统结构比较简单。

（3）高速性。

UWB 以非常宽的频率带宽来换取高速的数据传输，并且不单独占用现在已经拥挤不堪的频率资源，而是共享其他无线技术使用的频带。在军事中，UWB 可以利用巨大的扩频增益来实现远距离、低截获率、低检测率、高安全性和高速的数据传输。

（4）增益性。

增益指信号的射频带宽与信息带宽之比。UWB 无线通信可以做到比目前实际扩谱系统高得多的处理增益。例如，对信息带宽为 8 kHz、信道带宽为 1.25 MHz 的码分多址直接序列扩谱系统，其处理增益为 156（22 dB）；对于 UWB 系统，可以采用窄脉冲将 8 kHz 带宽的基带信号变换为 2 GHz 带宽的射频信号，处理增益为 250 000。

（5）分辨能力强。

由于常规无线通信中的射频信号大多为连续信号或其持续时间远大于多径传播时间，于是大量多径分量的交叠造成严重的多径衰落，限制了通信质量和数据传输速率。而 UWB 无线通信发射的是持续时间极短、占空比极低的脉冲，在接收端，多径信号在时间上能做到有效分离。发射窄脉冲的 UWB 无线信号，在多径环境中的衰落不像连续波信号那样严重。大量的实验表明，对常规无线电信号多径衰落深达 10~30 dB 的环境，对 UWB 无线通信信号的衰落最多不到 5 dB。此外，由于脉冲多径信号在时间上很容易分离，可以极为方便地采用 Rake 接收技术（一种路径分集技术），以充分利用发射信号的能量来提高信噪比，从而改善通信质量。

（6）传输速率快。

数字化、综合化、宽频化、智能化和个人化是无线通信技术发展的主要趋势。对于高质量的多媒体业务，高速率传输技术是必不可少的基础。从信号传播的角度考虑，UWB 无线通信由于能有效减小多径传播的影响而使其可以高速率传输数据。目前的演示系统表明，在近距离上（3~4 m），其传输速率可达 480 Mb/s。

（7）穿透能力强。

相关实验证明，UWB 无线通信具有很强的穿透树叶和障碍物的能力，有望弥补常规超短波信号在丛林中不能有效传播的不足。同时，相关实验还表明，适用于窄带系统的丛林通信模型同样适用于 UWB 系统，UWB 技术也能实现隔墙成像等[194]。

基于 UWB 技术的应用成果非常丰富，图 5 – 52 所示为 UWB 技术的应用实例。

图 5 –52　基于超宽带无线通信技术的地下采矿管理系统

5.5.3　ZigBee 无线通信技术

1. ZigBee 无线通信的工作原理

ZigBee 是一种近距离、低复杂度、低功耗、低速率、低成本的双向无线通信技术[195]。主要用于距离短、功耗低且传输速率不高的各种电子设备之间进行数据传输以及典型的有周期性数据、间歇性数据和低反应时间数据传输的应用。

人们通过长期观察发现，蜜蜂在发现花丛后会通过一种特殊的肢体语言来告知同伴新发现的食物源位置等相关信息，这种肢体语言就是 ZigZag 舞蹈，它是蜜蜂之间一种简单传达信息的方式[196]。由于蜜蜂（bee）是靠飞翔和"嗡嗡"（zig）地抖动翅膀的"舞蹈"来向同伴传递花粉所在方位信息，也就是说蜜蜂依靠这样的方式构成了群体中的通信网络，于是人们借用 ZigBee 作为新一代无线通信技术的名称。

简单而言，ZigBee 是一种高可靠性的无线数传网络，类似于 CDMA（码分多址）和 GSM（全球移动通信系统）网络[197]。ZigBee 数传模块类似于移动网络基站，是一个由可多到 65 535 个无线数传模块组成的一个无线数传网络平台。在整个网络范围内，每一个 ZigBee 网络数传模块之间都可以相互通信，每个网络节点间的距离可以从标准的 75 m 到几百米、几千米，并且支持无限扩展[198]。

ZigBee 是基于 IEEE802.15.4 标准的低功耗局域网协议。根据相关国际标准的规定，ZigBee 技术是一种短距离、低功耗的无线通信技术[199]。其特点是近距离、低复杂度、自组织、低功耗、低数据速率。主要适用于自动控制和远程控制领域，也可以嵌入各种设备。简言之，ZigBee 就是一种便宜的、低功耗的近距离无线组网通信技术。ZigBee 协议从下到上分别为物理层（PHY）、媒体访问控制层（MAC）、传输层（TL）、网络层（NWK）、应用层（APL）等。其中物理层和媒体访问控制层遵循 IEEE802.15.4 标准的规定。

与移动通信的 CDMA 网或 GSM 网不同的是，ZigBee 网络主要是为工业现场自动化控制数据传输而建立的，因而它必须具有体系简单、使用方便、工作可靠、价格低廉的特点。而移动通信网主要是为语音通信而建立的，每个基站价值一般都在百万元人民币以上，而每个 ZigBee "基站"花费却不到 1000 元人民币[200]。每个 ZigBee 网络节点不仅本身可以作为监控对象，例如其所连接的传感器直接进行数据采集和监控，还可以自动中转别的网络节点传过来的数据资料。除此之外，每一个 ZigBee 网络节点（FFD）还可在自己信号覆盖的范围内，和多个不承担网络信息中转任务的孤立的子节点（RFD）进行无线连接。

2. ZigBee 无线通信的使用方式及技术特点

机器人通信可以采用 ZigBee 的星形结构。在该结构的网络中，充当网络协调器的机器人负责组建网络、管理网络，并对网络的安全负责[201]。它要存储网络内所有节点的设备信息，包括数据包转发表、设备关联表以及与安全有关的密钥等。其他普通机器人使用的 ZigBee 节点都是 RFD 设备。当这类机器人受到某些触发时，例如内部定时器所定时间到了、外部传感器采集完数据、收到协调器要求答复的命令，就会向协调器传送数据。作为网络协调器的机器人可以采用有线方式和一台 PC 相连，在 PC 上存储网络所需的绑定表、路由表和设备信息，减小网络协调器的负担，提高网络的运行效率。

与其他无线通信方式相比，ZigBee 除复杂性低、对资源要求少以外，主要特点如下：

（1）功耗低。

ZigBee 的数据传输速率低，传输数据量小，其发射功率仅为 1 mW，且支持休眠模式[202]。因此，ZigBee 设备的节能效果非常明显。据估算，在休眠模式下，仅靠两节 5 号电池就可以维持一个 ZigBee 节点设备长达 6 个月到 2 年的使用时间。而在同样的情况下，其他设备如蓝牙仅能维持几周，比较而言，ZigBee 设备的功耗极低。

（2）成本低。

在智能家居系统中，成本控制始终是一个重要的选项。ZigBee 协议栈十分简单，并且 ZigBee 协议是免收专利费的，这就大大降低了其芯片的成本。Zig-Bee 模块的初始成本在 6 美元左右，现在价格已经降低到几美分。低成本是 ZigBee 技术能够应用于智能家居系统中的一个关键因素。

（3）时延短。

ZigBee 设备模块的通信时延非常短，从休眠状态激活的响应时间非常快，典型的网络设备加入和退出网络时延只需 30 ms，休眠激活的时延仅需 15 ms，在非信标模式下，活动设备信道接入的时延为 15ms。因此，ZigBee 非常适用于对时延要求苛刻的智能家居系统（例如安防报警子系统）。

（4）容量大。

ZigBee 可组建成星形、片形及网状的网络结构，在组建的网络中，存在一个主节点和若干个子节点，一个主节点最多可管理 254 个子节点；同时主节点还可被上一层网络节点管理，这样就能组成一个多达 65 000 个节点的大网络，一个区域内可以同时存在最多 100 个 ZigBee 网络，并且组建网络非常灵活。

（5）可靠性高。

ZigBee 采用多种机制为整体系统的数据传输提供可靠保证，在物理层采用抗干扰的扩频技术；在 MAC 层采用了碰撞避免机制，这种机制要求数据在完全确认的情况下传输，当有数据需要传输时则立即传输，但每个发送的数据包都必须等待接收方的确认信息，并采取了信道切换功能等，同时预留了专用时隙，以满足某些固定带宽的通信业务的需要，这样就能减少数据在发送时因竞争和冲突造成的丢包情况。

（6）安全性好。

ZigBee 提供了三级安全模式，分别为无安全设定级别、使用接入控制清单（ACL）防止非法获取数据级别以及采用最高级加密标准（AES128）的对称密码，并提供了基于循环冗余校验（CRC）的数据包完整性检查功能，且支持鉴权和认证，各个应用可以对其安全属性进行灵活确定。这样就能为数据传输提供较强的安全保障。

（7）工作频段灵活。

ZigBee 使用的频段分别为 2.4 GHz、868 MHz（欧洲），以及 915 MHz（美国），均为免执照的频段。

（8）自主能力强。

ZigBee 的网络节点能够自动寻找其他节点构成网络，并且当网络中发生节点增加、删除、变动、故障等情况时，网络能够进行自我修复，并对网络拓扑结构进行相应的调整，保证整个系统正常工作。

3. ZigBee 无线通信的信息处理

ZigBee 协议栈是一个多层体系结构，由 4 个子层组成。每一层都有两个数据实体，分别为其相邻的上层提供特定的服务，数据实体提供数据传输服务，管理实体则提供全部其他的服务，每个服务实体都有一个服务接入点（SAP），每个 SAP 都通过一系列的服务指令来为其上层提供服务接口，并完成相应的功能。

ZigBee 协议栈的体系结构如图 5 - 53 所示，是基于标准的（OSI）参考模型建立的，分别由 IEEE802 协会小组和 ZigBee 技术联盟两家共同制定完成。其中 IEEE802.15.4—2003 标准中对最下面的物理层（PHY）和介质访问层（MAC）进行了定义。ZigBee 技术联盟提供了网络层（NWK）和应用层（APL）框架的设计。其中应用层的框架包括了应用支持子层（APS）、ZigBee 设备对象（ZDO）和由制造商制定的应用对象。

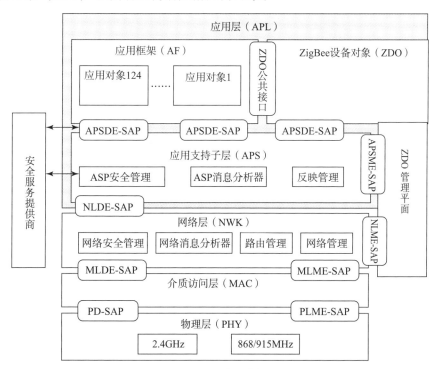

图 5 - 53　ZigBee 协议栈体系结构图

在图 5 – 53 所示网络体系结构中，物理层由半双工的无线收发器及其接口组成，工作频率可以是 868 MHz、915 MHz 或者 2.4 GHz，它直接利用无线信道实现数据传输。介质访问层提供节点自身和其相邻的节点之间可靠的数据传输链路。其主要任务是实现传输数据的共享，并且提高节点通信的有效性。网络层在 MAC 层的基础上实现网络节点之间的可靠的数据传输，提供路由寻址、多跳转发等功能，并组建和维护星形、片形以及网状网络。对于那些没有路由功能的终端节点来说，仅仅具备简单的加入或者退出网络的功能而已。路由器的任务是发现邻近节点、构造路由表以及完成信息的转发。协调器具备组建网络、启动网络，以及为新申请加入的网络节点分配网络地址等功能。应用支持子层通过维护一个绑定表来实现将网络信息转发到运行在节点上的不同的应用终端节点，并在这些终端节点设备之间传输信息等。绑定表将设备能够提供的服务和需要的服务匹配起来。应用对象是运行在端点的应用软件，它具体实现节点的应用功能。ZigBee 体系结构在协议栈的 MAC 层、网络层和应用层之中提供密钥的建立、交换以及利用密钥对信息进行加密、解密处理等服务。各层在发送帧时按指定的加密方案进行加密处理，在接收时进行相应的解密。

目前，ZigBee 技术已在许多领域获得了广泛应用，图 5 – 54 和图 5 – 55 所示为 ZigBee 的应用实例。

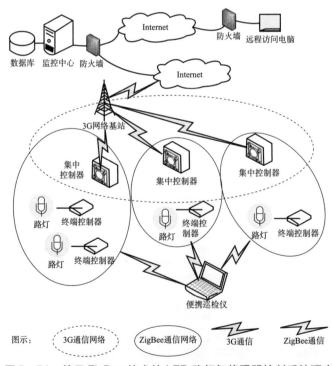

图 5 –54　基于 ZigBee 技术的 LED 路灯智能照明控制系统研究

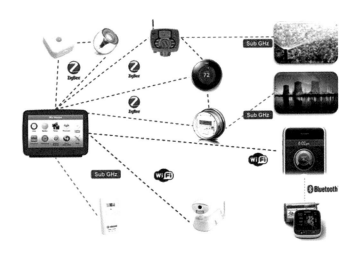

图 5－55　基于 ZigBee 技术的智能能源管理系统

5.5.4　Wi－Fi 无线通信技术

1. Wi－Fi 无线通信技术的工作原理

随着网络的普及，越来越多的人开始享受到了网络给自己带来的方便。但是上网地点的固定、上网工具不方便携带等问题，使人们对无线网络更加渴望。而 Wi－Fi 技术的诞生，正好满足了人们的这种需求，也使得 Wi－Fi 技术越来越受到人们的关注。

所谓"Wi－Fi"其实就是 Wireless Fidelity 的缩写，意思就是无线局域网[203]。它遵循 IEEE 所制定的 802.11x 系列标准，所以一般所谓的 802.11x 系列标准都属于 Wi－Fi。根据 802.11x 标准的不同，Wi－Fi 的工作频段也有 2.4 GHz 和 5 GHz 的差别。Wi－Fi 能够实现随时随地上网需求，也能提供较高速的宽带接入。当然，Wi－Fi 技术也存在着诸如兼容性和安全性等方面的问题，不过凭借着自身的一些固有优势，它占据着无线传输的主流地位。

2. Wi－Fi 无线通信技术的应用方向及特点

（1）Wi－Fi 技术的应用方向。

①公众服务。

利用 Wi－Fi 技术为公众提供服务已经不算是一个新概念了。在美国，这叫做"Hotspot"服务，即热点服务，也就是说在热点地区，比如酒店、机场、休闲场所及会展中心等地方，利用 Wi－Fi 技术进行覆盖，为用户提供高速的宽带无线连接[204]。随着笔记本电脑和 PDA（掌上电脑）的普及，越来越多的商务人士希望在旅行的途中也可以上网。还有，在许多休闲场所，如咖啡馆和茶吧等地方，也有不少客人希望能够提供上网服务。Wi－Fi 的特性正好使之可以在这样的小范围内提供高速的无线连接。目前，国内大多数咖啡馆、机场候机室以及酒店大堂等公共场所，都进行了 Wi－Fi 覆盖，用户只要携带配有无线网卡的笔记本电脑或 PDA，就可以在这类区域无线上网。

②家庭应用。

Wi－Fi 家庭网关不仅可以提供无线连接功能，同时还可以承担共享 IP 的路由功能。最优的解决方案是选择一台 Wi－Fi 网关设备，覆盖到家庭的全部范围。只要安装一块无线局域网网卡，家里的电脑就可以连接因特网。这样一来，家里的网络就变得非常简单方便。台式机安装 USB 接口的网卡，可以摆放在房间的任何一个位置；笔记本电脑就更方便了，可以不受约束地移动到任何地方使用。

③大型企业应用。

一般说来，每个大型企业都已经有了一个成熟的有线网络，在这种情况下，无线局域网可以成为大型企业内部网络的一个延伸和补充。比如说对会议室进行无线覆盖，可以为参加会议的人员提供便利的网络连接，方便会议中的资料演示和文件交换。许多大型企业的员工绝大部分都是使用笔记本电脑的，而且其工作的流动性很强。这时使用 Wi－Fi 技术覆盖，可以为这些用户提供无所不在的网络连接，提高他们的工作效率。

④小型办公环境。

很多小型公司不像大型企业那样具备完善的有线网络，对它们来说，需要建立一个自己内部的局域网。这时就可以考虑使用 Wi－Fi 来实现办公室内的网络部署。只要在办公室内安装一个无线局域网的接入点（AccessPoint，AP），同时在每台电脑上安装一个无线网卡，就可以建立起公司自己的内部网络，快速地进入工作状态。如果企业需要搬家，无线局域网的全部设备也可以迅速地迁入新的工作地点投入使用；如果有新的员工加入企业当中，也可以迅速连接进入公司的内部网，帮助其快速了解公司的情况。正是由于 Wi－Fi 的便捷性能，如今国内越来越多的小型公司也开始在公司内部进行 Wi－Fi 的使用。

2. Wi－Fi 无线通信技术的特点

①安装便捷。

无线局域网免去了大量的布线工作，只需安装一个或多个无线访问点（AP），就可以覆盖整个建筑内的局域网络，而且便于管理和维护。

②易于扩展。

无线局域网有多种配置方式，每个 AP 可以支持 100 多个用户的接入，只需在现有的无线局域网基础之上再增加 AP，就可以把几个用户的小型网络扩展成为拥有几百、几千个用户的大型网络。

③高度可靠。

通过使用和以太网类似的连接协议和数据包确认方法，可以提供可靠的数据传送和网络带宽的有效使用。

④便于移动。

在无线局域网信号覆盖的范围内，各个节点可以不受地理位置的限制而进行任意移动[205]。通常来说，其支持的范围在室外可达 300 m，在办公环境中可达 10～100 m。在无线信号覆盖的范围内，都可以接入网络，而且可以在不同运营商和不同国家的网络间进行漫游。

3. Wi‑Fi 无线通信的信息处理

一般架设无线网络的基本配备就是无线网卡及一个 AP，如此便能以无线的模式，配合既有的有线架构来分享网络资源，其架设费用和复杂程度远远低于传统的有线网络。如果只是供几台电脑使用的对等网，也可不要 AP，只需每台电脑配备无线网卡。AP 为 Access Point 简称，一般翻译为"无线访问接入点"，或"桥接器"。它主要在介质访问层 MAC 中扮演无线工作站及有线局域网的桥梁。有了 AP，就像一般有线网络的 Hub 一般，无线工作站可以快速且轻易地与网络相连。特别是对于宽带的使用，Wi‑Fi 技术更显优势，有线宽带网络（ADSL、小区 LAN 等）到户后，连接到一个 AP，然后在电脑中安装一块无线网卡即可。普通的家庭有一个 AP 已经足够，甚至用户的邻里得到授权后，无须增加端口，也能以共享的方式上网。基于 Wi‑Fi 技术的应用实例很多，在许多领域都能看到 Wi‑Fi 的身影，图 5‑56 显示了其中的一个例子。

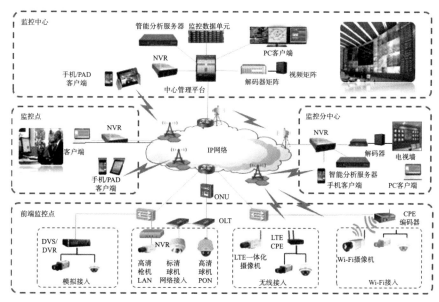

图 5‑56　基于 Wi‑Fi 技术的应用实例

NVR—网络硬盘录像机；ONU—光网络单元；OLT—光线路终端；LTE——一种网络制式；CPE——一种接收 Wi‑Fi 信号的无线终端接入设备；DVR—数字视频录像机；DVS—数字视频编码器。

5.5.5 2.4 GHz 无线通信技术

1. 2.4 GHz 无线通信技术的工作原理

2.4 GHz 无线通信技术是一种短距离无线传输技术，主要供开源使用。2.4 GHz 所指的是一个工作频段，2.4 GHz ISM（Industry，Science，Medicine，指主要开放给工业、科学和医学机构使用的频段）是全世界公开通用的无线频段，蓝牙技术即工作在这一频段[206]。在 2.4 GHz 频段下工作可以获得更大的使用范围和更强的抗干扰能力，目前 2.4 GHz 无线通信技术广泛用于家用及商用领域。

2. 2.4 GHz 无线通信技术的使用方式及特点

2.4 GHz 无线通信技术没有标准的通信协议栈，因此在整个协议的规划和设计时对产品的抗干扰性和稳定性等有着认真的考虑。由于其与底层硬件的结构特征结合紧密，设计了物理层、链路管理层和应用层的三层结构[207]。其中物理层和链路管理层的很多特性由硬件本身所决定。应用层则是通过使用划分信道子集的方式和跳频方式，有效防止了来自同类产品间信道的相互干扰和占用现象。同时，又通过对改进的 DSSS 直接序列扩频方式和无 DSSS 扩频两种通信方式的合理配置，实现了设备性能和抗干扰能力之间的平衡。

2.4 GHz 频段近年来日益受到重视，主要原因有三：首先，它是一个全球性使用的频段，开发的产品具有全球通用性；其次，它整体的频宽胜于其他 ISM 频段，这就提高了整体数据的传输速率，允许系统共存；再次，就是尺寸方面具有优势，2.4 GHz 无线通信设备和天线的体积相当小，产品体积也很小。这使它在很多时候都更容易获得人们的青睐[208]。

3. 2.4 GHz 无线通信技术的信息处理

2.4 GHz 无线通信技术的通信协议比蓝牙协议更简洁，能满足特定的功能需求，并加快产品开发周期、降低成本。整个协议分为 3 层：物理层，数据链路层和应用层。物理层包括 GFSK 调制和解调器、DSSS 基带控制器、RSSI（接收信号强度指示）、SPI 数据接口和电源管理，主要完成数据的调制解调、编码解码、DSSS 直接序列扩频和 SPI 通信。数据链路层主要完成解包和封包过程。它主要有 2 种基本封包，即传输包和响应包，分别如图 5 – 57 和图 5 – 58 所示。

P	SOP	Length	PayLoad Data	CRC
前导序列	包起始符	包长度	负载区	校验

图 5 –57 传输包结构

P	SOP	CRC
前导序列	包起始符	校验

Head	Data
包头	数据

图 5-58　响应包结构

图 5-57 中前导序列用于控制包与包之间的传输间隔。SOP 用于表示包的起始，包长度说明整个包的大小，采用 16 位 CRC 校验。根据不同的应用设备，应用层有不同定义。每种类型的包在应用层协议中的用途不同。绑定包用于建立主控端和从属端之间一对一的连接关系。每个主控端最多有一个从属端，但一个从属端可以有多个主控端。连接包用于在主控端和从属端失去联系时，重新建立连接，相互更新最新的状态信息。多数无线接收端只能和单一的主控端进行实时通信。为了与多个主控端同时进行连接，在从属端建立一对多的关系，需要进行有效的信道保护机制和数据接收机制，防止由于数据碰撞而导致无法正确接收数据。可以利用以下 2 种机制有效防止信道间的相互干扰。

（1）改进的直接序列扩频（DSSS）。

传统 DSSS 将需要发送的每个比特的数据信息用伪噪声编码（PNcode）扩展到一个很宽的频带上，在接收端使用与发送端扩展所用相同的 PNcode 对接收到的扩频信号进行恢复处理，得到发送的数据比特。而改进的 DSSS 对每个字节进行直接扩频，极大提高了数据传输的速率，并确保只有在收发两端保持相同 PNcode 的情况下，数据才能被正确接收。若两端的 PNcode 不同，则传输的数据将被视为无效数据在物理层被丢弃。

（2）独立通信信道（Channel）机制。

CYRF6936 有 78 个可用的 Channel，每个 Channel 之间间隔 1 MHz，78 个可用信道被分成了 6 个子集。每个子集包含 13 个信道，每个子集中的信道间隔为 6 MHz。每种主控设备选择一个子集作为传输信道，即设备采用了不同子集中的不同信道，降低了相邻信道容易出现干扰的概率，减少了碰撞。所有设备都采用第 1 个子集的信道来建立 BIND（绑定）连接。

2.4 GHz 无线通信技术的应用成果极为丰富，图 5-59 展示了其在校园网建设中的功能与作用。

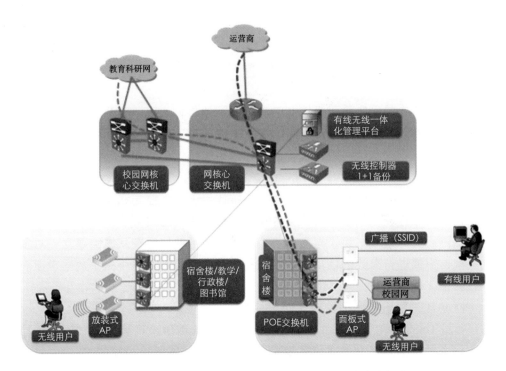

图 5 –59   2.4 GHz 无线通信技术在校园网建设中的功能与作用

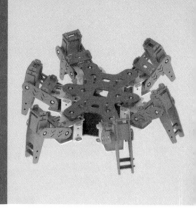

第 6 章
仿蛛机器人的编程与调试

6.1 仿蛛机器人主控制器简介

对于仿蛛机器人而言，结构设计与系统装配完成后，需对其控制系统进行设计和对控制程序进行编写。主控制器的功能是通过电脑程序来指挥和控制机器人各部件的工作，所设计的仿蛛机器人主控制器如图 6 - 1 所示。

主控制器的主要接口有：

（1）供电接口。该接口接电池负责为控制板供电。

（2）电源开关。该开关负责打开、关闭和控制仿蛛机器人使用的电源。

（3）电机接口。该接口连接电机，将控制信号发送给电机，控制电机转动。

（4）下载接口。负责为控制器下载控制代码。

（5）无线通信接口。该接口连接无线通信模块，使仿蛛机器人能够实现无

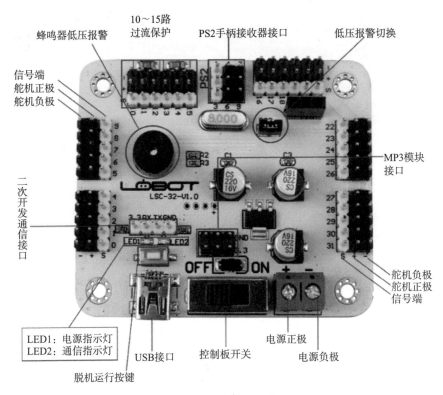

蜂鸣器低压报警　　10～15路过流保护　　PS2手柄接收器接口　　低压报警切换

信号端
舵机正极
舵机负极

二次开发通信接口

MP3模块接口

舵机负极
舵机正极
信号端

LED1：电源指示灯
LED2：通信指示灯

USB接口　　控制板开关

电源正极

电源负极

脱机运行按键

图 6 – 1　仿蛛机器人主控制器

线遥控与编程。

　　只有将主控制器和仿蛛机器人身体的各个部分进行连接后，主控制器才能真正起到控制仿蛛机器人运动的作用。主控制器上的这些接口与线缆就像仿蛛机器人的神经系统，可用来控制仿蛛机器人身体各部位的运动。

　　控制板的输入电压取决于仿蛛机器人所用舵机的供电电压，控制 MG996R 舵机或者 LDX – 227 舵机，如果需要控制的是 LDX – 218 舵机和 LDX – 227 舵机，直接将仿蛛机器人的电池对接线接上控制板的正负极就可以使用。如果控制的是其他舵机（如 LD – 1501、LD – 3015，这种情况常见于机械臂），机器人搭载的电池其电压一般为 7.4 V（满电 8 V 以上），直接使用这样的锂电池供电可能使舵机损坏，这时就需要接入降压芯片。

　　焊接电源线时应按照图 6 – 2 所示方式进行处置。接线时，红色线接在"＋"上，黑色线接在"－"上。需要注意的是，接线时线头不能裸露在外，以免正负极相碰导致短路发生。

　　如图 6 – 2 所示，降压芯片的作用在于可产生 1.4 V 左右的压降。例如，当电池电流不足时，电压为 6.4 V 时，降压芯片输出 5 V。如果电池电压正常为 7.4 V，则输出电压为 6 V 左右。所以接有降压芯片的情况下，电池电压不要低于 7.4 V。

为保护电池和舵机的正常工作，特别设置了低压报警功能。控制板的默认报警电压为 6.4 V，当供电电压低于 6.4 V 时，电压越低，滴滴报警声的频率越高，此时请关闭电源开关，立即去给锂电池充电或者更换电源。

如果接有降压芯片或者供电电压在 6 V 以下，需要将控制板

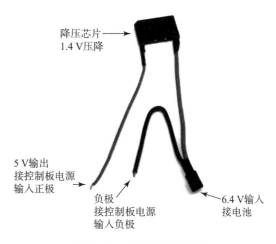

图 6 - 2　降压电路和芯片

设置为 5 V 低压报警。因为电池最低电压是 6.4 V，降压以后就是 5 V，所以控制板报警定压需要设置为 5 V。设置方法如图 6 - 3 所示。

图 6 - 3　低压报警设置方法

如图 6 - 3 所示，在设置低压报警时，人们默认的是跳线帽插一半或者不插。不插跳线帽时是 6.4 V 报警；插上跳线帽时是 5 V 低压报警。跳线帽只会改变蜂鸣器产生低压报警声的电压阈值，不会对控制板有其他功能上的影响。

简单的理解就是接降压芯片就要插上跳线帽，不接降压芯片就不接跳线帽。

如果使用的是 LDX - 218 舵机或者 LDX - 227 舵机，可将跳线帽拔掉。此时控制板正极可以直接接上 7.4 V 锂电池供电。此时接通电源，打开开关，LED1 和 LED2 会同时长亮。需要注意的是，如果仅仅插上 USB 线，而不接电源（电池）的话，蜂鸣器会进行低压报警，发出"滴滴滴"的报警声音。

6.2 手柄接收器和舵机板的连接方法

（1）准备好一个手柄接收器和一块舵机控制板，接收器上的数字 1～9 跟舵机控制板上的 1～9 需一一对应；此时还须准备好三组杜邦线，使杜邦头金属露出口朝向一致且如图 6－4 所示。然后，按照图 6－5 所示方式进行手柄接收器和舵机控制板的正确接线，接收器即可正常工作。

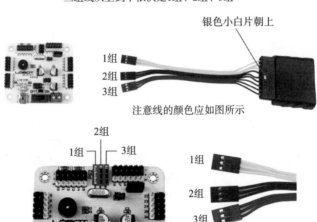

三组线从上到下依次是1组、2组、3组

银色小白片朝上

1组
2组
3组

注意线的颜色应如图所示

2组
1组   3组

1组

2组

3组

图 6－4　手柄接收器和舵机控制板的连接方法（一）

杜邦头金属露出口

图 6－5　手柄接收器和舵机板的连接方法（二）

（2）在手柄接收器（型号为 PS2 手柄，见图 6－6）里装上两节 7 号电池（自备），然后打开其电源开关，就可以提取上位机软件保存好的动作组。

PS2 手柄的解码信息如表 6－1 所示。

图 6 - 6 PS2 手柄

表 6 - 1 **PS2 手柄解码信息**

	说明	备注
START	强行停止当前动作并运行第 0 动作组 1 次	
前	按下一直运行第 1 组动作组，弹起运行第 1 动作组 1 次	
后	按下一直运行第 2 组动作组，弹起运行第 2 动作组 1 次	
左	按下一直运行第 3 组动作组，弹起运行第 3 动作组 1 次	
右	按下一直运行第 4 组动作组，弹起运行第 4 动作组 1 次	
△	运行第 5 组动作组 1 次	
×	运行第 6 组动作组 1 次	
□	运行第 7 组动作组 1 次	
O	运行第 8 组动作组 1 次	
L1	运行第 9 组动作 1 次	
R1	按下一直运行第 10 组动作组，弹起运行第 10 动作组 1 次	
L2	运行第 11 组动作组 1 次	
R2	按下一直运行第 12 组动作组，弹起运行第 12 动作组 1 次	
SELECT + △	运行第 13 组动作组 1 次	先按下 SELECT，再按下 △

续表

	说明	备注
SELECT + ×	运行第 14 组动作组 1 次	先按下 SELECT，再按下 ×
SELECT + □	运行第 15 组动作组 1 次	先按下 SELECT，再按下 □
SELECT + O	运行第 16 组动作组 1 次	先按下 SELECT，再按下 O
SELECT + L1	运行第 17 组动作组 1 次	先按下 SELECT，再按下 L1
SELECT + R1	运行第 18 组动作组 1 次	先按下 SELECT，再按下 R1
SELECT + L2	运行第 19 组动作组 1 次	先按下 SELECT，再按下 L2
SELECT + R2	运行第 20 组动作组 1 次	先按下 SELECT，再按下 R2

6.3 上位机软件的使用

双击上位机软件 Lobt_ Servo_ Control exe，打开软件，其界面如图 6 - 7 和图 6 - 8 所示。

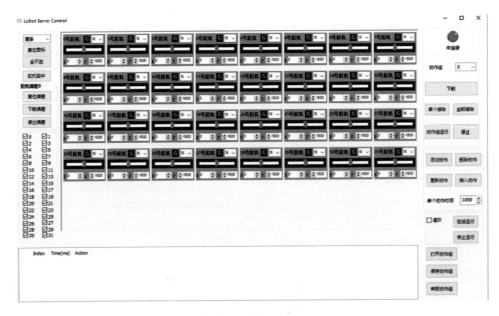

图 6 - 7　软件界面图

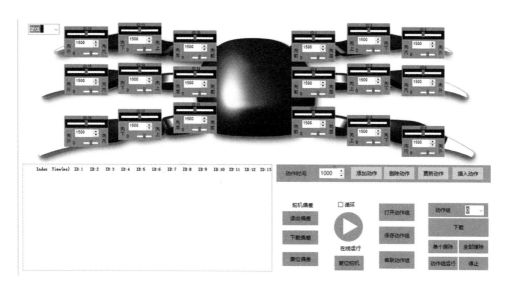

图 6 – 8　上位机界面

1. 界面介绍

（1）全局操作窗口，如图 6 – 9 所示。

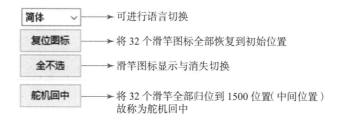

图 6 – 9　全局操作窗口

（2）偏差操作窗口，如图 6 – 10 所示。

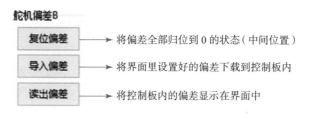

图 6 – 10　偏差操作窗口

（3）舵机图标选择窗口，如图 6 – 11 所示。

（4）舵机滑块功能窗口，如图 6 – 12 所示。

☑0	☑1
☑2	☑3
☑4	☑5
☑6	☑7
☑8	☑9
☑10	☑11
☑12	☑13
☑14	☑15
☑16	☑17
☑18	☑19
☑20	☑21
☑22	☑23
☑24	☑25
☑26	☑27
☑28	☑29
☑30	☑31

左侧为舵机图标选择窗口
打钩即在主窗口显示该舵机滑竿;
取消即关闭该舵机滑竿

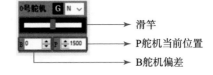

滑竿
P舵机当前位置
B舵机偏差

图 6-11　舵机图标选择窗口　　　图 6-12　舵机滑块功能窗口示意图

由图 6-12 可知，舵机滑竿可随意拖动（默认为中位 1500），范围为 500~2500。滑竿滑动时，P 值也会随之变化。P 值可以直观地显示出舵机此时的转动位置。在仿蛛机器人的制作中，由于一些安装时产生的误差，有时需要对舵机进行一些微调，那么微调的时候就需要用到调节偏差这个功能。

温馨提示：

①尽量不要快速拖动滑竿，以免舵机堵转；

②需要微调时，可单击滑块的空白区域，即可实现 5 个 P 值的微调。

图 6-12 中，B 表示舵机偏差（默认为 0），即舵机的相对位置范围为 -100~100。仿蛛机器人每个舵机的偏差调节完毕后，请单击"导入偏差"按钮，偏差就会被下载到控制板内了。如果以后想要修改偏差的话，就单击"读取偏差"，偏差会自动显示在界面上，如图 6-13 所示，此时可以手动更改，更改完毕后，可以再次将偏差下载到控制板。

Index	Time(ms)	Action
1	1000	#0 P1500 #1 P1500 #2 P1500 #3 P1500 #4 P1500 #5 P1500 #6 P1500 #7 P1500 #8 P1500 #9 P1500 #10 P1500 #11 P1500 #12 P1500 #13 P1500 #14 P1500 #15 P1500 #16
2	1000	#0 P1500 #1 P1500 #2 P1500 #3 P1500 #4 P1500 #5 P1500 #6 P1500 #7 P1500 #8 P1500 #9 P1500 #10 P1500 #11 P1500 #12 P1500 #13 P1500 #14 P1500 #15 P1500 #16
3	1000	#0 P1500 #1 P1500 #2 P1500 #3 P1500 #4 P1500 #5 P1500 #6 P1500 #7 P1500 #8 P1500 #9 P1500 #10 P1500 #11 P1500 #12 P1500 #13 P1500 #14 P1500 #15 P1500 #16

图 6-13　偏差显示截图

总结：正是因为有 P 值和 B 值的存在，所以舵机的实际位置应该是 P + B。#表示几号舵机，P 表示舵机的位置，T 表示舵机运行到该位置的时间。

（5）动作组下载及调用窗口，如图 6-14 所示。

（6）文件操作窗口，如图 6-15 所示。

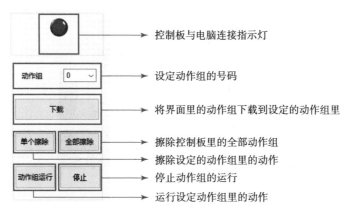

图 6-14 动作组下载及调用窗口

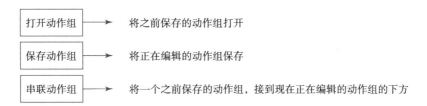

图 6-15 文件操作窗口

2. 单个舵机调试

（1）控制板连上电脑以后，界面的指示灯会变成绿色（见图 6-16），表示连接成功。

（2）确保 7.4 V 锂电池的电压不低于 6.4 V（7.4 V 的锂电池充满电是 8.4 V，请务必确保电压不低于 6.4 V，最好是满电状态）。

（3）如果使用的是 LDX-218 舵机或者 LDX-227 舵机，那么将图 6-17 所示的跳线帽拔掉或者半插，这时控制板正极可以直接接上 7.4 V 锂电池供电。如果使用的是别的种类的标准舵机，请插好跳线帽。控制板的正极如果用锂电池供电的话，则需要串联 1 个降压芯片。

图 6-16 界面指示灯显示截图

图 6 - 17　跳线帽插入状态图

（4）拉动舵机滑竿，舵机就会随着滑竿的移动而转动。

（5）分别置于 500，1000，1500，2000，2500 的位置，依次再添加动作，可更改时间 T 值。

"在线运行"，看看舵机的转动效果。

"保存动作组"可以将这个动作组保存下来，自己命名文件名即可。

重启软件，单击"打开动作组"，即可打开刚刚保存的那个文件。

6.4　仿蛛机器人的动作编写

首先，将仿蛛机器人所有舵机调零，调到舵机的 90° 位置。然后，可按表 6 - 2 进行舵机赋值，使仿蛛机器人呈现出立正的姿态。

表 6 - 2　仿蛛机器人立正动作（舵机赋值一览表）

Index	Time(ms)	ID:1	ID:2	ID:3	ID:4	ID:5	ID:6	ID:7	ID:8	ID:9	ID:10	ID:11	ID:12	ID:13	ID:14	ID:15	ID:16	ID:17	ID:18
1	500	1 500	1 000	500	1 500	1 000	500	1 500	1 000	500	1 500	2 000	2 500	1 500	2 000	2 500	1 500	2 000	2 500

可按表 6 - 3 进行舵机赋值，使仿蛛机器人呈现出小步前进姿态。

表 6 - 3　仿蛛机器人小步前进动作（舵机赋值一览表）

Index	Time(ms)	ID:1	ID:2	ID:3	ID:4	ID:5	ID:6	ID:7	ID:8	ID:9	ID:10	ID:11	ID:12	ID:13	ID:14	ID:15	ID:16	ID:17	ID:18
1	150	1 700	1 000	500	1 300	800	500	1 700	1 000	500	1 700	2 200	2 500	1 300	2 000	2 500	1 700	2 200	2 500
2	100	1 700	1 000	500	1 300	1 000	500	1 700	1 000	500	1 700	2 000	2 500	1 300	2 000	2 500	1 700	2 000	2 500
3	150	1 300	800	500	1 700	1 000	500	1 300	800	500	1 300	2 000	2 500	1 700	2 200	2 500	1 300	2 000	2 500
4	100	1 300	1 000	500	1 700	1 000	500	1 300	1 000	500	1 300	2 000	2 500	1 700	2 000	2 500	1 300	2 000	2 500

可按表 6 - 4 进行舵机赋值，使仿蛛机器人呈现出小步后退姿态。

表 6-4　仿蛛机器人小步后退动作（舵机赋值一览表）

Index	Time(ms)	ID:1	ID:2	ID:3	ID:4	ID:5	ID:6	ID:7	ID:8	ID:9	ID:10	ID:11	ID:12	ID:13	ID:14	ID:15	ID:16	ID:17	ID:18
1	200	1 300	1 000	500	1 700	800	500	1 300	1 000	500	1 300	2 200	2 500	1 700	2 000	2 500	1 300	2 200	2 500
2	100	1 300	1 000	500	1 700	1 000	500	1 300	1 000	500	1 300	2 000	2 500	1 700	2 000	2 500	1 300	2 000	2 500
3	200	1 700	800	500	1 300	1 000	500	1 700	300	500	1 700	2 000	2 500	1 300	2 200	2 500	1 700	2 000	2 500
4	100	1 700	1 000	500	1 300	1 000	500	1 700	1 000	500	1 700	2 000	2 500	1 300	2 000	2 500	1 700	2 000	2 500

可按表 6-5 进行舵机赋值，使仿蛛机器人呈现出小步左转姿态。

表 6-5　仿蛛机器人小步左转动作（舵机赋值一览表）

Index	Time(ms)	ID:1	ID:2	ID:3	ID:4	ID:5	ID:6	ID:7	ID:8	ID:9	ID:10	ID:11	ID:12	ID:13	ID:14	ID:15	ID:16	ID:17	ID:18
1	100	1 500	1 000	500	1 700	800	500	1 500	1 000	500	1 700	2 200	2 500	1 500	2 000	1 200	1 700	2 200	2 500
2	100	1 500	1 000	500	1 700	1 000	500	1 500	1 000	500	1 700	2 000	2 500	1 500	2 000	2 500	1 700	2 000	2 500
3	100	1 500	800	500	1 500	1 000	500	1 500	800	500	1 500	2 000	2 500	1 500	2 200	2 500	1 500	2 000	2 500
4	100	1 500	1 000	500	1 500	1 000	500	1 500	1 000	500	1 500	2 000	2 500	1 500	2 000	2 500	1 500	2 000	2 500

可按表 6-6 进行舵机赋值，使仿蛛机器人呈现出小步右转姿态。

表 6-6　仿蛛机器人小步右转动作（舵机赋值一览表）

Index	Time(ms)	ID:1	ID:2	ID:3	ID:4	ID:5	ID:6	ID:7	ID:8	ID:9	ID:10	ID:11	ID:12	ID:13	ID:14	ID:15	ID:16	ID:17	ID:18
1	100	1500	1 000	500	1 300	800	500	1 500	1 000	500	1 300	2 200	2 500	1 500	2 000	2 500	1 300	2 200	2 500
2	100	1 500	1 000	500	1 300	1 000	500	1 500	1 000	500	1 300	2 000	2 500	1 500	2 000	2 500	1 300	2 000	2 500
3	100	1 500	800	500	1 500	1 000	500	1 500	300	500	1 500	2 000	2 500	1 500	2 200	2 500	1 500	2 000	2 500
4	100	1 500	1 000	500	1 500	1 000	500	1 500	1 000	500	1 500	2 000	2 500	1 500	2 000	2 500	1 500	2 000	2 500

可按表 6-7 进行舵机赋值，使仿蛛机器人呈现出战斗姿态。

表 6-7　仿蛛机器人战斗动作（舵机赋值一览表）

Index	Time(ms)	ID:1	ID:2	ID:3	ID:4	ID:5	ID:6	ID:7	ID:8	ID:9	ID:10	ID:11	ID:12	ID:13	ID:14	ID:15	ID:16	ID:17	ID:18
1	500	1 500	1 000	500	15 00	1 000	500	1 500	1 000	500	1 500	2 000	2 500	1 500	2 000	2 500	1 500	2 000	2 500
2	500	1 500	1 000	500	1 500	1 000	500	1 500	1 000	500	1 500	2 000	2 500	1 500	2 000	2 500	1 500	2 000	2 500
3	500	1 500	1 000	500	1 500	1 000	500	1 500	1 000	500	1 500	2 000	2 500	1 500	2 000	2 500	1 500	2 000	1 059
4	500	1 500	1 000	500	1 500	1 000	500	1 500	1 000	500	1 500	2 000	2 500	1 500	2 000	2 500	1 500	2 000	2 500
5	500	1 500	1 000	500	1 500	1 000	500	1 500	1 000	500	1 500	2 000	2 500	1 500	2 000	973	1 500	2 000	2 500
6	500	1 500	1 000	500	1 500	1 000	500	1 500	1 000	500	1 500	2 000	2 500	1 500	2 000	2 500	1 500	2 000	2 500
7	500	1 500	1 000	500	1 500	1 000	500	1 500	1 000	500	1 500	2 000	952	1 500	2 000	2 500	1 500	2 000	2 500
8	500	1 500	1 000	500	1 500	1 000	500	1 500	1 000	500	1 500	2 000	2 500	1 500	2 000	2 500	1 500	2 000	2 500
9	500	1 500	1 000	2 027	1 500	1 000	500	1 500	1 000	500	1 500	2 000	2 500	1 500	2 000	2 500	1 500	2 000	2 500
10	500	1 500	1 000	500	1 500	1 000	500	1 500	1 000	500	1 500	2 000	2 500	1 500	2 000	2 500	1 500	2 000	2 500
11	500	1 500	1 000	500	1 500	1 000	1 941	1 500	1 000	500	1 500	2 000	2 500	1 500	2 000	2 500	1 500	2 000	2 500
12	500	1 500	1 000	500	1 500	1 000	500	1 500	1 000	500	1 500	2 000	2 500	1 500	2 000	2 500	1 500	2 000	2 500
13	1000	1 500	1 000	500	1 500	1 000	500	1 500	1 000	1898	1 500	2 000	2 500	1 500	2 000	2 500	1 500	2 000	2 500
14	1000	1 500	1 000	500	1 500	1 000	500	1 500	1 000	500	1 500	2 000	2 500	1 500	2 000	2 500	1 500	2 000	2 500
15	1000	1 500	1 000	500	1 500	1 000	2 027	1 500	1 000	500	1 500	2 000	930	1 500	2 000	2 500	1 500	2 000	995
16	1000	1 500	1 000	500	1 500	1 000	500	1 500	1 000	500	1 500	2 000	2 500	1 500	2 000	2 500	1 500	2 000	2 500

续表

Index	Time(ms)	ID:1	ID:2	ID:3	ID:4	ID:5	ID:6	ID:7	ID:8	ID:9	ID:10	ID:11	ID:12	ID:13	ID:14	ID:15	ID:16	ID:17	ID:18
17	1000	1 500	1 000	1 962	1 500	1 000	500	1 500	1 000	1 812	1 500	2 000	2 500	1 500	2 000	930	1 500	2 000	2 500
18	1000	1 500	1 000	500	1 500	1 000	500	1 500	1 000	500	1 500	2 000	2 500	1 500	2 000	2 500	1 500	2 000	2 500
19	1000	1 500	1 000	1 941	1 500	1 000	2 070	1 500	1 000	1 962	1 500	2 000	973	1 500	2 000	1 016	1 500	2 000	995
20	1000	1 500	1 000	500	1 500	1 000	500	1 500	1 000	500	1 500	2 000	2 500	1 500	2 000	2 500	1 500	2 000	2 500

可按表6-8进行舵机赋值，使仿蛛机器人呈现出扭身姿态。

表6-8　仿蛛机器人扭身动作（舵机赋值一览表）

Index	Time(ms)	ID:1	ID:2	ID:3	ID:4	ID:5	ID:6	ID:7	ID:8	ID:9	ID:10	ID:11	ID:12	ID:13	ID:14	ID:15	ID:16	ID:17	ID:18
1	500	1 500	1 000	500	1 500	1 000	500	1 500	1 000	500	1 500	2 000	2 500	1 500	2 000	2 500	1 500	2 000	2 500
2	700	1 500	1 800	1 200	1 500	1 407	919	1 500	940	500	1 500	1 200	1 800	1 500	1 686	2 221	1 500	2 100	2 500
3	100	1 500	1 800	1 200	1 500	1 407	919	1 500	940	500	1 500	1 200	1 800	1 500	1 686	2 221	1 500	2 100	2 500
4	700	1 500	940	500	1 500	1 407	919	1 500	1 800	1200	1 500	2 100	2 500	1 500	1 686	2 221	1 500	1 200	1 800
5	100	1 500	940	500	1 500	1 407	919	1 500	1 800	1200	1 500	2 100	2 500	1 500	1 686	2 221	1 500	1 200	1 800
6	700	1 500	1 800	1 200	1 500	1 407	919	1 500	940	500	1 500	1 200	1 800	1 500	1 686	2 221	1 500	2 100	2 500
7	100	1 500	1 800	1 200	1 500	1 407	919	1 500	940	500	1 500	1 200	1 800	1 500	1 686	2 221	1 500	2 100	2 500
8	700	1 500	940	500	1 500	1 407	919	1 500	1 800	1200	1 500	2 100	2 500	1 500	1 686	2 221	1 500	1 200	1 800
9	100	1 500	940	500	1 500	1 407	919	1 500	1 800	1200	1 500	2 100	2 500	1 500	1 686	2 221	1 500	1 200	1 800
10	700	1 500	1 800	1 250	1 500	1 950	1 280	1 500	1 800	1250	1 500	1 900	2 500	1 500	2 180	2 500	1 500	1 900	2 500
11	100	1 500	1 800	1 250	1 500	1 950	1 260	1 500	.600	1250	1 500	1 900	2 500	1 500	2 180	2 500	1 500	1 900	2 500
12	700	1 500	1 100	500	1 500	820	500	1 500	1 100	500	1 500	1 200	1 720	1 500	1 050	1 720	1 500	1 200	1 750
13	100	1 500	1 100	500	1 500	820	500	1 500	1 100	500	1 500	1 200	1 720	1 500	1 050	1 720	1 500	1 200	1 750
14	700	1 500	1 800	1 250	1 500	1 950	1 280	1 500	1 800	1250	1 500	1 900	2 500	1 500	2 180	2 500	1 500	1 900	2 500
15	100	1 500	1 800	1 250	1 500	1 950	1 280	1 500	1 800	1250	1 500	1 900	2 500	1 500	2 180	2 500	1 500	1 900	2 500
16	700	1 500	1 100	500	1 500	820	500	1 500	1 100	500	1 500	1 200	1 720	1 500	1 050	1 720	1 500	1 200	1 750
17	100	1 500	1 100	500	1 500	820	500	1 500	1 100	500	1 500	1 200	1 720	1 500	1 050	1 720	1 500	1 200	1 750
18	700	1 500	1 800	1 250	1 500	1 950	1 280	1 500	1 800	1250	1 500	1 900	2 500	1 500	2 180	2 500	1 500	1 900	2 500
19	100	1 500	1 800	1 250	1 500	1 950	1 280	1 500	1 800	1250	1 500	1 900	2 500	1 500	2 180	2 500	1 500	1 900	2 500
20	1000	1 500	1 800	1 200	1 500	1 407	919	1 500	940	500	1 500	1 200	1 800	1 500	1 686	2 221	1 500	2 100	2 500
21	1000	1 500	1 100	500	1 500	820	500	1 500	1 100	500	1 500	1 200	1 750	1 500	1 050	1 720	1 500	1 200	1 750
22	1 000	1 500	940	500	1 500	1 407	919	1 500	1 800	1200	1 500	2 100	2 500	1 500	1 686	2 221	1 500	1 200	1 800
23	1000	1 500	1 800	1 250	1 500	1 950	1 280	1 500	1 800	1250	1 500	1 900	2 500	1 500	2 180	2 500	1 500	1 900	2 500
24	1000	1 500	1 800	1 200	1 500	1 407	919	1 500	940	500	1 500	1 200	1 800	1 500	1 686	2 221	1 500	2 100	2 500
25	1000	1 500	1 100	500	1 500	820	500	1 500	1 100	500	1 500	1 200	1 750	1 500	1 050	1 720	1 500	1 200	1 750
26	1000	1 500	940	500	1 500	1 407	919	1 500	1 800	1200	1 500	2 100	2 500	1 500	1 686	2 221	1 500	1 200	1 800
27	1000	1 500	1 800	1 250	1 500	1 950	1 280	1 500	1 800	1250	1 500	1 900	2 500	1 500	2 180	2 500	1 500	1 900	2 500
28	1000	1 500	1 800	1 200	1 500	1 407	919	1 500	940	500	1 500	1 200	1 800	1 500	1 686	2 221	1 500	2 100	2 500
29	1000	1 500	1 800	1 250	1 500	1 950	1 280	1 500	1 800	1250	1 500	1 900	2 500	1 500	2 180	2 500	1 500	1 900	2 500
30	1000	1 500	940	500	1 500	1 407	919	1 500	1 800	1200	1 500	2 100	2 500	1 500	1 686	2 221	1 500	1 200	1 800
31	1000	1500	1 100	500	1 500	820	500	1 500	1 100	500	1 500	1 200	1 750	1 500	1 050	1 720	1 500	1 200	1 750
32	1 000	1 500	1 800	1 200	1 500	1 407	919	1 500	940	500	1 500	1 200	1 800	1 500	1 686	2 221	1 500	2 100	2 500
33	1 000	1500	1 800	1 250	1 500	1 950	1 280	1 500	1 800	1250	1 500	1 900	2 500	1 500	2 180	2 500	1 500	1 900	2 500
34	1 000	1500	940	500	1 500	1 407	919	1 500	1 800	1200	1 500	2 100	2 500	1 500	1 686	2 221	1 500	1 200	1 800
35	1 000	1500	1 100	500	1 500	820	500	1 500	1 100	500	1 500	1 200	1 750	1 500	1 050	1 720	1 500	1 200	1 750
36	1 000	1500	1 800	1 200	1 500	1 407	919	1 500	940	500	1 500	1 200	1 800	1 500	1 686	2 221	1 500	2 100	2 500
37	300	1500	1 800	1 200	1 500	1 407	919	1 500	940	500	1 500	1 200	1 800	1 500	1 686	2 221	1 500	2 100	2 500
38	500	1500	1 000	500	1 500	1 000	500	1 500	1 000	500	1 500	2 000	2 500	1 500	2 000	2 500	1 500	2 000	2 500

可按表 6 – 9 进行舵机赋值，使仿蛛机器人呈现出招手欢迎姿态。

表 6 – 9　仿蛛机器人招手欢迎动作（舵机赋值一览表）

Index	Time(ms)	ID:1	ID:2	ID:3	ID:4	ID:5	ID:6	ID:7	ID:8	ID:9	ID: 10	ID:11	ID: 12	ID:13	ID: 14	ID:15	ID: 16	ID:17	ID:18
1	5 00	1 500	1 000	500	1 500	1 000	500	1 500	1 000	500	1 500	2 000	2 500	1 500	2 000	2 500	1 500	2 000	2 500
2	1 000	1 500	1 000	500	1 500	1 000	500	1 500	801	1 468	1 500	2 000	2 500	1 500	2 000	2 500	1 500	2 000	2 500
3	300	1 500	1 000	500	1 500	1 000	500	1 188	801	1 468	1 500	2 000	2 500	1 500	2 000	2 500	1 500	2 000	2 500
4	300	1 500	1 000	500	1 500	1 000	500	1 575	801	1 468	1 500	2 000	2 500	1 500	2 000	2 500	1 500	2 000	2 500
5	300	1 500	1 000	500	1 500	1 000	500	1 188	801	1 468	1 500	2 000	2 500	1 500	2 000	2 500	1 500	2 000	2 500
6	300	1 500	1 000	500	1 500	1 000	500	1 575	801	1 468	1 500	2 000	2 500	1 500	2 000	2 500	1 500	2 000	2 500
7	300	1 500	1 000	500	1 500	1 000	500	1 188	801	1 468	1 500	2 000	2 500	1 500	2 000	2 500	1 500	2 000	2 500
8	300	1 500	1 000	500	1 500	1 000	500	1 575	801	1 468	1 500	2 000	2 500	1 500	2 000	2 500	1 500	2 000	2 500
9	300	1 500	1 000	500	1 500	1 000	500	1 575	801	1 962	1 500	2 000	2 500	1 500	2 000	2 500	1 500	2 000	2 500
10	300	1 500	1 000	500	1 500	1 000	500	1 575	801	1 145	1 500	2 000	2 500	1 500	2 000	2 500	1 500	2 000	2 500
11	300	1 500	1 000	500	1 500	1 000	500	1 575	801	1 962	1 500	2 000	2 500	1 500	2 000	2 500	1 500	2 000	2 500
12	300	1 500	1 000	500	1 500	1 000	500	1 575	801	1 145	1 500	2 000	2 500	1 500	2 000	2 500	1 500	2 000	2 500
13	300	1 500	1 000	500	1 500	1 000	500	1 500	1000	500	1 500	2 000	2 500	1 500	2 000	2 500	1 500	2 000	2 500

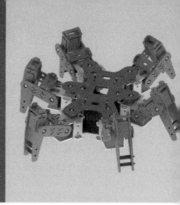

参 考 文 献

［1］张秀丽，郑浩峻．机器人仿生学研究综述［J］．机器人，2002（2）：188－192.

［2］贾冰，张男．浅谈仿生设计在工业设计中的应用［J］．上海艺术评论，2012（1）：84－85.

［3］陈昊．基于距离传播的动态系统和路径规划算法研究［D］．合肥：合肥工业大学，2007.

［4］王国彪，陈殿生，陈科位，等．仿生机器人研究现状与发展趋势［J］．机械工程学报，2015，51（13）：27－44.

［5］施文灶，王平．仿生蜘蛛机器人的设计与实现［J］．电子科技，2013，26（3）：90.

［6］王新杰．多足步行机器人运动及力规划研究［D］．武汉：华中科技大学，2005.

［7］刘建辉，叶静．基于类蜘蛛仿生煤矿救灾机器人步态研究［J］．辽宁工程技术大学学报：自然科学版，2008，27（6）：878－880.

［8］伍亚冰．多足机器人多关节协同控制系统的研究［D］．南京：南京理工大学，2013.

［9］陈甫．六足仿生机器人的研制及其运动规划研究［D］．哈尔滨：哈尔滨工业大学，2009.

［10］申景金．一种新型六足仿生虫的结构设计与动力学分析［D］．南京：南京航空航天大学，2008.

［11］吴宏岐，郭梦宇．基于STC单片机的仿生六足机器人设计［J］．电子器

件，2013，36（1）：128－131.

［12］刘丞，赵建．用于智能移动机器人的电源模块设计与实现［J］.仪表技术，2009（2）：67－70.

［13］仲明伟．自行车机器人的嵌入式控制系统设计［D］.北京：北京邮电大学，2010.

［14］张立超．仿人按摩机器人设计与研究［D］.沈阳：沈阳理工大学，2014.

［15］严玺．仿人灵巧手的结构设计及其控制研究［D］.成都：电子科技大学，2017.

［16］吴雪梅．基于DSP的无刷直流电机控制系统研究与设计［D］.西安：西北工业大学，2005.

［17］周健．无刷直流电机的无位置和速度传感器控制的研究［D］.长沙：湖南大学，2006.

［18］杨阳，储祝颖．基于APM开源飞控平台的四轴旋翼飞行器［J］.信息通信，2015（8）：68－68.

［19］韩军．永磁无刷直流电动机换向及位置检测研究［D］.武汉：华中科技大学，2004.

［20］张明．步进电机的基本原理［J］.科技信息（科学·教研），2007（9）.

［21］石斐．基于Keil的永磁减速步进电机控制系统的设计及实现［D］.苏州：苏州大学，2015.

［22］朱海民．基于DSP的三相混合式步进电机脉冲细分驱动系统［J］.机电工程，2005，22（10）.

［23］于晓红．伺服电机日常维护与保养［J］.时代农机，2015，42（11）：25－26.

［24］熊瑶．电机伺服驱动技术的开发系统研究［D］.上海：东华大学，2016.

［25］张振涛．小型机器人关节伺服控制器研制［D］.哈尔滨：黑龙江大学，2017.

［26］杨添博，武威，张广宇，等．伺服电机控制的VB设计［J］.工程与试验，2013，53（1）：73－75.

［27］刘铁丁．变频空调压缩机驱动技术研究［D］.广州：广东工业大学，2011.

［28］尚付平．扬声器振膜段自动装配线的研究［D］.沈阳：东北大学，2010.

[29] 毋秋弘．伺服电机在注塑机行业的应用分析［C］．全国电技术节能学术年会，2013．

[30] 蔡睿妍．基于 Arduino 的舵机控制系统设计［J］．电脑知识与技术，2012，08（15）：3719－3721．

[31] 金鑫．某弹上舵机自动测试系统的研究与实现［D］．北京：中国科学院大学，2013．

[32] 佚名．舵机——DIYer 必须跨过的槛．https：//www. sohu. com/a/240726189_468626. 2018．

[33] 杨冰，张鼎男，裴锐．基于 DSP 数字化舵机无线控制系统的设计与实现［J］．工业技术创新，2014（5）：553－557．

[34] 肖晓兰，黄海峰，刘利河，等．一种可自动跟随手机行走的小车［J］．机械工程与自动化，2016（2）：189－191．

[35] 彭永强．Robocup 人型足球机器人视觉系统设计与研究［D］．重庆：重庆大学，2009．

[36] 姚宇．基于 VR 和移动机器人的三维空间探测研究［D］．沈阳：东北大学，2011．

[37] 李嘉秀．基于 Arduino 平台的足球机器人在 RCJ 中的应用［J］．物联网技术，2015（3）：97－100．

[38] 杨峰．基于 DSP 的舵机电动加载平台的设计［D］．西安：西北工业大学，2007．

[39] 宇晓梅．四轮代步智能小车平台的设计开发［D］．青岛：中国海洋大学，2013．

[40] 丁小妮．基于 Arduino&Android 小车的仓储搬运研究［D］．西安：长安大学，2015．

[41] 张文锋．FPGA 在数字信号处理及控制中的应用［D］．上海：上海交通大学，2008．

[42] 李曙东．双足步行机器人控制系统研究［D］．武汉：华中科技大学，2008．

[43] 刘连蕊，张泽，高建华．六足机器人横向行走步态研究［J］．浙江理工大学学报（自然科学版），2011，28（2）：225－229．

[44] 陈可飞，匡丛维，杨春柳．基于 Arduino 智能仿生机器人的研究［J］．价值工程，2018，v. 37；500（24）：123－127．

[45] 刘宇航，石春源，陆绍鑫，等．智能蜘蛛机器人的设计与实现［J］．机械工程师，2018（1）：104－106．

[46] 于欣龙．六足仿蜘蛛机器人样机研制及步行机理研究［D］．哈尔滨：哈

尔滨工程大学，2013.

[47] 白晓霞. 内蒙古球蛛科（Theridiidae）蜘蛛分类学研究 [D]. 呼和浩特：内蒙古师范大学，2008.

[48] 谢志浩，柯文德. 仿生蜘蛛型机器人体系结构研究 [J]. 广东石油化工学院学报，2015（1）：56－59.

[49] 李珺. 多足机器人步态规划及自适应控制研究 [D]. 沈阳：东北大学，2011.

[50] 刘颖君，邹学文，陈润康. 基于 PLC 与视觉传感器的自动检测系统设计 [J]. 装备制造技术，2014（11）：217－218.

[51] 江川贵. 基于 CCD 和 CMOS 图像传感技术的机器视觉系统设计与研究 [D]. 北京：北京邮电大学，2005.

[52] 张国圣. 摄像机选型、应用及其发展现状解读 [C]. 四川电影节广播电视技术研讨会，2009.

[53] 曾毅. 基于无线通信的移动机器人视觉系统研究 [D]. 广州：广东工业大学，2010.

[54] 原魁，路鹏，邹伟. 自主移动机器人视觉信息处理技术研究发展现状 [J]. 高技术通讯，2008（1）：104－110.

[55] 邵泽明. 视觉移动机器人自主导航关键技术研究 [D]. 南京：南京航空航天大学，2009.

[56] 刘宝源. 红外与可见光图像融合技术研究 [D]. 武汉：华中科技大学，2009.

[57] 李福义. 基于流媒体技术的视频监控系统 [D]. 成都：电子科技大学，2011.

[58] 雷玉堂. 高清监控时代 CMOS 摄像机脱颖而出 [J]. 中国公共安全，2012（16）：160－162.

[59] 颜峰. 视频和红外线摄像监控系统 [D]. 天津：天津工业大学，2007.

[60] 左奇，史忠科. 基于机器视觉的胶囊完整性检测系统研究 [J]. 西安交通大学学报，2002，36（12）：1262－1265.

[61] 王阳. 基于 CMOS 工艺的集成微电容式传感器研究 [D]. 合肥：安徽大学，2012.

[62] 吴琦. 基于 CMOS 图像传感器的数字影像系统 [J]. 吉林广播电视大学学报，2012（4）：24－25.

[63] 朱道广. 高清 CCD 网络相机后端视频处理系统设计与实现 [D]. 南京：南京理工大学，2014.

[64] 董富强. 基于机器视觉的零件轮廓尺寸精密测量系统研究 [D]. 天津：

天津科技大学，2014.

[65] 于涌．高速串行数字图像传输若干问题的应用研究［D］．长春：中国科学院研究生院（长春光学精密机械与物理研究所），2003.

[66] 邢萱．数码相机高清晰图像采集的原理及软设计方法［J］．微处理机，2002（4）：30–31.

[67] 刘军．数码相机后背图像采集系统的研制［D］．哈尔滨：哈尔滨工业大学，2007.

[68] 王树刚，余新．浅谈光电耦合器 CCD 和 CMOS 的区别［J］．科技信息，2009（14）：311–311.

[69] 李志海．轮足混合驱动爬壁机器人及其关键技术的研究［D］．哈尔滨：哈尔滨工业大学，2010.

[70] 王莹．高精度超声波测距仪的研究设计［D］．北京：华北电力大学（北京），2006.

[71] 陈海龙．煤矿选煤厂巡检机器人的研究与设计［D］．北京：中国矿业大学，2014.

[72] 闫军．传输时间激光测距传感器［J］．传感器世界，2002（8）：22–23.

[73] 王红云，姚志敏，王竹林，等．超声波测距系统设计［J］．仪表技术，2010（11）：47–49.

[74] 路锦正，王建勤，杨绍国，等．超声波测距仪的设计［J］．传感器技术，2002，21（8）：29–31.

[75] 张体荣，陈胜权，熊川，等．高精度超声波测距仪的设计［J］．桂林航天工业高等专科学校学报，2008，13（3）：36–38.

[76] 王彦芳，王小平，宋万民，等．时差法超声波流量计的高精度测量技术［J］．微计算机信息，2006，22（16）．

[77] 姚殿梅，周彬．红外线在道路测试中的应用［J］．交通科技与经济，2013，15（3）：45–48.

[78] 陈成．浅谈激光测距仪在起重机检验中的应用［J］．中小企业管理与科技（下旬刊），2010（27）：116–116.

[79] 刘超，黄忠文．基于 GP2Y0A02 红外传感器的距离测量设计［J］．江苏科技信息，2015（36）：48–50.

[80] 韩雪峰．导盲机器人［D］．哈尔滨：哈尔滨工程大学，2009.

[81] 刘俊承．室内移动机器人定位与导航关键技术研究［J］．毕业生，2005.

[82] 陈成．浅谈激光测距仪在起重机检验中的应用［J］．中小企业管理与科技（下旬刊），2010（27）：116–116.

[83] 王文庆，张涛，龚娜．基于多传感器融合的自主移动机器人测距系统

［J］. 计算机测量与控制，2013（2）：343 – 345.

［84］周培义. 单目视觉自动泊车控制系统研究［D］. 长沙：湖南大学，2014.

［85］王帆. 基于 ARM 和 GPRS 的智慧家庭监护系统的研究［D］. 杭州：浙江工业大学，2016.

［86］佚名. Arduino 使用人体红外感应模块 HC – SR501［DB/OL］. https：//www. jianshu. com/p/3f612cb6bf17. 2017.

［87］阎锋，鲁军. 传感器在机器人小车路径规划及避障中的应用［J］. 青春岁月，2013（11）：483 – 483.

［88］林宝照，欧玉峰. 基于仿生学研究的感觉传感器介绍［J］. 企业技术开发（下半月），2010，29（12）.

［89］程丁儒. 基于电容阵列的柔性触觉传感器的研究［D］. 杭州：浙江大学，2017.

［90］明小慧. 力敏导电橡胶三维力柔性触觉传感器设计［D］. 合肥：合肥工业大学，2009.

［91］佚名. 探秘电子皮肤——触觉传感器［EB/OL］. https：//www. sohu. com/a/163501896_ 468626. 2017.

［92］周连杰. 温度触觉传感技术研究［D］. 南京：东南大学，2011.

［93］胡兰子，陈进军. 传感器技术在机器人上的应用研究［J］. 软件，2012（7）：164 – 167.

［94］郑健. 基于 9 轴传感器的姿态参考系统研究与实现［D］. 成都：电子科技大学，2013.

［95］徐维军. 跑步机运动防摔人体姿态识别研究［J］. 企业技术开发：下旬刊，2015（3）：20 – 21.

［96］刘航. 桌面自平衡机器人的研究与实现［D］. 北京：北京工业大学，2010.

［97］冯刘中. 基于多传感器信息融合的移动机器人导航定位技术研究［D］. 西南交通大学，2011.

［98］张旭. 基于多传感器信息融合康复机器人感知系统设计［D］. 成都：电子科技大学，2015.

［99］王嘉锋. 基于人体运动传感的个人定位方法及系统实现［D］. 杭州：浙江大学，2011.

［100］张新. 应变式三维加速度传感器设计及相关理论研究［D］. 合肥：合肥工业大学，2008.

［101］秦宁，胡立夫，耿家乐. 基于可变数字目标识别的四旋翼火灾监测系统

[J]. 中国科技信息，2019，597（01）：95 – 97.

[102] 张辉，黄祥斌，韩宝玲，等. 共轴双桨球形飞行器的控制系统设计 [J]. 单片机与嵌入式系统应用，2015，15（12）：74 – 77.

[103] 贲艳波. 温度传感器综述 [J]. 科学导报，2014（22）.

[104] 寇文兵. 简述半导体温度传感器设计 [J]. 中国科技财富，2010（20）.

[105] 赵勇，伍先达. 高精度温度快速测量系统设计 [J]. 自动化与仪器仪表，2008（6）：21 – 23.

[106] 王琳. 浅谈温度传感器特点及其应用 [J]. 科学技术创新，2011（4）：21 – 21.

[107] 高震，李丞. 漫谈温度传感器 [J]. 民营科技，2011（12）：216 – 216.

[108] 张明杰. 柴油机 SCR 电控单元研究 [D]. 上海：上海工程技术大学，2014.

[109] 王小红，罗芳. 基于温度传感器的补偿柜温度控制器设计 [J]. 清远职业技术学院学报，2018，v.11；59（03）：54 – 56.

[110] 孙一寒，汤尧. 浅谈工具的选型 [C]. 河南省汽车工程科技学术研讨会，2015.

[111] 毕玉春，汪小锋. 浅谈激光切割技术 [J]. 中国水运：理论版，2007（4）：196 – 197.

[112] 许云飞，苗帅玉，黄坚浩，等. 激光切割机在水轮发电机的应用 [J]. 机械工程师，2013（4）：173 – 174.

[113] 胡兴军，刘向阳. 激光切割的新进展 [J]. 装备机械，2004（4）：28 – 29.

[114] 周鹏飞，胡金龙，季鹏，等. 数控激光切割机光路补偿措施的探讨 [J]. 锻压装备与制造技术，2009，44（5）：50 – 53.

[115] 武亚鹏，侯建伟. 三维光纤激光切割机器人的介绍及应用 [C]// 中国机械工程学会焊接学会第十八次全国焊接学术会议，2010.

[116] 叶建斌，戴春祥. 激光切割技术 [M]. 上海：上海科学技术出版社，2012.

[117] 朱建斗. 激光切割的应用 [C]// 全国机电企业工艺年会暨新兴铸管杯工艺论坛，2008.

[118] 王继鑫. 现代激光切割技术工艺研究 [J]. 大科技，2016（11）.

[119] 王雷. 激光切割不锈钢工艺浅析 [J]. 科技创新与应用，2013（4）：105 – 105.

[120] 李超. 玻璃切割机的结构改进及生产工艺研究 [D]. 太原：中北大

学，2015.

[121] 张宝玉．3D 打印技术发展历史、前景展望及相关思考［C］．上海市老科学技术工作者协会学术年会，2014.

[122] 余冬梅，方奥，张建斌．3D 打印：技术和应用［J］．金属世界，2013（6）：6－11.

[123] 潘师敏．两化融合背景下三维打印设计制作紫砂壶的应用研究［D］．杭州：中国美术学院，2015.

[124] 张阳春，张志清．3D 打印技术的发展与在医疗器械中的应用［J］．中国医疗器械信息，2015（8）：1－6.

[125] 王杨．浅谈 3D 打印对工业设计的影响［J］．商情，2017（2）．

[126] 李道龙．基于模糊 PID 的 3D 打印机精度控制的研究［D］．安徽理工大学，2016.

[127] 郭遵站．小型 3D 打印技术研究［D］．长春：长春理工大学，2015.

[128] 宦静．发达国家 3D 打印的技术前沿和发展方向概览［J］．杭州科技，2013（5）．

[129] 张阳春，张志清．3D 打印技术的发展与在医疗器械中的应用［J］．中国医疗器械信息，2015（8）：1－6.

[130] 刘冠辰．浅析 3D 打印技术在未来汽车工业中的前景展望［J］．时代汽车，2016（3）：33－33.

[131] 阿尔孜古丽·吾买尔．浅谈 3D 打印机现状与发展趋势［J］．中国化工贸易，2013（4）：48－49.

[132] 周璇，王志明．基于 DLP 原理的 3D 打印机设计与实现［J］．制造技术与机床，2018.

[133] 邢珂．试论高分子 3D 打印材料和打印工艺［J］．科技风，2018，349（17）：29.

[134] 梁国栋．浅谈游标卡尺的使用［J］．赤子，2014（1）：277－277.

[135] 唐肇川．卡尺的来龙去脉［J］．中国计量，2005（7）：46－48.

[136] 劳文华．IC 测试系统中时间参数测量单元的研究［D］．成都：电子科技大学，2014.

[137] 谭可．游标卡尺的使用、检定和修理注意事项［J］．工业计量，2012（s1）：279－282.

[138] 李强．"阿贝原则"的启示［J］．汽车维修与保养，2011（3）：103－105.

[139] 冯鹏，荆利莉．游标卡尺和螺旋测微器的正确使用［J］．中学物理，2016，34（7）：61－62.

［140］ 王琳，年喜．浅析使用游标卡尺测量工件的操作［J］．科技视界，2013（36）：132－132.

［141］ 孙瑜，王保学．螺旋千分尺工作原理及使用方法［J］．企业标准化，2008（15）.

［142］ 田玉春．千分尺的使用与示值误差的修理［J］．天津科技，2010（4）：116－116.

［143］ 刘付强．万用表检测集成电路方法探讨［J］．太原城市职业技术学院学报，2008（6）：157－158.

［144］ 曹福军．模拟万用表与数字万用表的应用差异［J］．唐山师范学院学报，2001，23（2）：54－55.

［145］ 清华大学电子学教研室．数字电子技术基础［M］．第三版．北京：高等教育出版社，1989.

［146］ 杨素行清华大学电子学教研组．模拟电子技术基础简明教程［M］．北京：高等教育出版社，1998.

［147］ 李程．六足机器人控制系统设计［D］．秦皇岛：燕山大学，2016.

［148］ 宋翠方．基于FPGA的数字控制器硬件实现方法研究［D］．长春：东北师范大学，2011.

［149］ 韩召．矿山支护用桁架自动成型及焊接设备的研发设计［D］．兰州：兰州理工大学，2008.

［150］ 朱彦齐，陈玉芝．浅谈工业机器人在自动化控制领域的应用［J］．职业，2010（8）：123－123.

［151］ 熊青春．四自由度教学机器人的研制［D］．合肥：合肥工业大学，2006.

［152］ 孙戴魏．浅议单片机原理及其信号干扰处理措施［J］．企业导报，2012（3）：290－291.

［153］ 邝小磊．单片机应用技术综述［J］．信息化研究，2001，27（3）：12－16.

［154］ 王涛，罗晓军．计算机并行接口的数据控制方法［C］．中国自动化学会全国青年学术年会，2002.

［155］ 夏明娜，高玉芝．单片机系统设计及应用［M］．北京：北京理工大学出版社，2011.

［156］ 兰吉昌．单片机C51完全学习手册［M］．北京：化学工业出版社，2009.

［157］ 毋茂盛．单片机原理与开发［M］．北京：高等教育出版社，2015.

［158］ 王慧聪．压力式明渠流量在线自动检测系统［D］．太原：太原理工大

学，2015.

［159］王林．基于压力传感器的便携式明渠自动测流装置的研究［D］．太原：太原理工大学，2015.

［160］王芝江．用于水质监测的嵌入式计算机系统开发与实验研究［D］．天津：河北工业大学，2013.

［161］朱丽霞．基于 ARM – Linux 的嵌入式教学实验平台构建［J］．中国现代教育装备，2010（23）：42 – 43.

［162］李军．嵌入式技术在智能家居中的应用研究［D］．武汉：武汉理工大学，2006.

［163］祁莹．基于 CDIO 教学模式下移动机器人制作研究［D］．天津：天津大学，2015.

［164］何洪波，都洪基，孔慧超．基于单片机的漂染控制系统设计［J］．信息化研究，2006，32（4）：66 – 68.

［165］刘力．基于 Ardunio 和 Android 的蓝牙遥控车［J］．科技视界，2016（14）：148 – 148.

［166］谢嘉，王世明，曹守启，等．基于 Arduino 的智能家居系统设计与实现［J］．电子设计工程，2018.

［167］蔡睿妍．Arduino 的原理及应用［J］．电子设计工程，2012，20（16）：155 – 157.

［168］孟魁．基于 Arduino 的物流实验体系建设［J］．决策与信息旬刊，2013（12）．

［169］柯春艳，安思．基于 Arduino 的物联网应用实验设计［J］．福建电脑，2018，v. 34（07）：34 – 35.

［170］佚名．详解 Arduino Uno 开发板的引脚分配图及定义［EB/OL］．https：//www. yiboard. com/thread – 831 – 1 – 1. html. 2018.

［171］邓昶．常用计算机编程语言的分析和选用技巧探析［J］．计算机光盘软件与应用，2014（19）．

［172］全权，王帅．详解机器人基础入门知识［J］．机器人产业，2018，20（03）：71 – 83.

［173］夏春龙，范煊．基于 Arduino 的简易消防机器人的设计［J］．自动化应用，2016（4）：51 – 52.

［174］刘远法，周屹．基于 Arduino 单片机的解魔方机器人——控制部分［J］．电脑知识与技术，2016，12（7）：171 – 173.

［175］李世鹏，林国湘，李林升．基于 FDM 的彩色 3D 打印机控制系统设计［J］．机械工程师，2017（2）：26 – 28.

［176］马忠梅等．单片机的 C 语言应用程序设计［M］．北京：北京航空航天大学出版社，2013.

［177］郭天祥．新概念 51 单片机 C 语言教程［M］．北京：电子工业出版社，2009.

［178］Warren J D，Adams J，Molle H．Arduino for Robotics［J］．2011.

［179］陈吕洲．Arduino 程序设计基础［M］．北京：北京航空航天大学出版社，2014.

［180］佚名．Arduino 编程基础（二）——C＼C＋＋语言基础（下）［EB/OL］．https：//www. Arduino. cn/thread－45050－1－1. html. 2017.

［181］程晨．Arduino 开发实战指南．AVR 篇［M］．北京：机械工业出版社，2012.

［182］居聪，曹中忠，张勇，等．基于单片机的空调智能控制器的设计［J］．软件，2014（6）：34－38.

［183］黄丽雯，韩荣荣，宋江敏．基于 Arduino/Android 的语音控制小车设计［J］．实验室研究与探索，2015（12）．

［184］佚名．Arduino 语音模块－DFRduino Player MP3 播放模块［EB/OL］．https：//www. ncnynl. com/archives/201606/191. html. 2019.

［185］徐操喜，杨小英，沈超航，等．手势切换音响系统的设计与实现［J］．无线互联科技，2017（10）．

［186］马龙．蓝牙无线通信技术的研究［D］．哈尔滨：哈尔滨理工大学，2003.

［187］张伟伟．蓝牙局域网接入系统的研究［D］．南京：南京理工大学，2006.

［188］吕品品．基于蓝牙的遥控智能音乐播放器的设计与实现［D］．淄博：山东理工大学，2012.

［189］陈曦，张大龙，于宏毅，等．基于 UWB 技术的无线自组织网络研究综述［J］．电讯技术，2004（1）：6－9.

［190］苗剑．超宽带（UWB）无线通信技术［D］．西安：西安电子科技大学，2004.

［191］武海斌．超宽带无线通信技术的研究［J］．无线电工程，2003，33（10）：50－53.

［192］杨志红，周娟．超宽带无线通信技术［J］．科技信息，2009（9）：52－52.

［193］屈静．超宽带通信系统中基于能量捕获的同步研究［D］．北京：北京邮电大学，2008.

［194］ 张鹏．超宽带脉冲信号的产生与调制［D］．大连：大连理工大学，2009．

［195］ 侯雷，张艳芹．ZigBee 无线传感器网络协议及仿真设计［J］．微型电脑应用，2011，27（3）：6 + 64 – 67．

［196］ 王萍萍．基于 ZigBee 的组合定位技术研究［D］．南京：南京邮电大学，2013．

［197］ 卜益民．基于物联网智能家居系统技术与实现［D］．南京：南京邮电大学，2013．

［198］ 吴思俊．基于 ZigBee 的无线监测系统研究与设计［D］．杭州：浙江工业大学，2011．

［199］ 张冠杰，辛星召，张玺．浅谈 ZigBee 和 IPv6 在工业控制中的应用［J］．水电站机电技术，2016，39（8）：44 – 46．

［200］ 孙静．基于 ZigBee 的无线传感网络的设计与实现［J］．现代电子技术，2016，39（15）：18 – 20．

［201］ 陈飞．基于 ZigBee 的多机器人通信系统的设计［J］．黑龙江科技信息，2009，35（10）：61 – 61．

［202］ 马跃其．基于 ZigBee 无线通信技术的智能家居系统［D］．焦作：河南理工大学，2010．

［203］ 兰丽娜．基于 web、Wi – Fi 和 Android 的考勤与通信系统的开发［D］．石家庄：河北科技大学，2013．

［204］ 郭薇．宽带无线 Wi – Fi 与 WiMAX 应用研究［D］．北京：北京邮电大学，2007．

［205］ 冯智成．浅谈 WIFI 技术发展与日常维护［C］．2014 信息通信网技术业务发展研讨会，2014．

［206］ 韩立成，章回，王永庆．一种基于 2.4G 无线通信的智能照明控制系统［J］．中国照明电器，2016（10）．

［207］ 杨杰．2.4GHz 无线 USB 系统的设计与实现［D］．长沙：中南大学，2008．

［208］ 孙科．ZigBee 无线网络技术研究与应用［D］．上海：同济大学，2008．